公益財団法人 日本数学検定協会 監修

# 受かる！
# 数学検定

The Mathematics Certification Institute of Japan
>> 3rd Grade

改訂版

3

**Gakken**

はじめに

　実用数学技能検定の3～5級は中学校で扱う数学の内容がもとになって出題されていますが,この範囲の内容は算数から数学へつなげるうえでも,社会との接点を考えるうえでもたいへん重要です。

　令和3年4月1日から全面実施された中学校学習指導要領では,数学的活動の3つの内容として,"日常の事象や社会の事象から問題を見いだし解決する活動""数学の事象から問題を見いだし解決する活動""数学的な表現を用いて説明し伝え合う活動"を挙げています。これらの活動を通して,数学を主体的に生活や学習に生かそうとしたり,問題解決の過程を評価・改善しようとしたりすることなどが求められているのです。

　実用数学技能検定は実用的な数学の技能を測る検定です。実用的な数学技能とは計算・作図・表現・測定・整理・統計・証明の7つの技能を意味しており,検定問題を通して提要された具体的な活用の場面が指導要領に示されている数学的活動とも結びつく内容になっています。また,3～5級に対応する技能の概要でも社会生活と数学技能の関係性について言及しています。

　このように,実用数学技能検定では社会のなかで使われている数学の重要性を認識しながら問題を出題しており,なかでも3～5級はその基礎的数学技能を評価するうえで重要な階級であると言えます。

　さて,実際に社会のなかで,3～5級の内容がどんな場面で使われるのでしょうか。一次関数や二次方程式など単元別にみても,さまざまな分野で活用されているのですが,数学を学ぶことで,社会生活における基本的な考え方を身につけることができます。当協会ではビジネスにおける数学の力を把握力,分析力,選択力,予測力,表現力と定義しており,物事をちゃんと捉えて,何が起きているかを考え,それをもとにどうすればよりよい結果を得られるのか。そして,最後にそれらの考えを相手にわかりやすいように伝えるにはどうすればよいのかということにつながっていきます。

　こうしたことも考えながら問題にチャレンジしてみてもいいかもしれませんね。

**公益財団法人 日本数学検定協会**

# 数学検定3級を受検するみなさんへ

## 数学検定とは

実用数学技能検定(後援＝文部科学省。対象：1～11級)は，数学の実用的な技能(計算・作図・表現・測定・整理・統計・証明)を測る「記述式」の検定で，公益財団法人日本数学検定協会が実施している全国レベルの実力・絶対評価システムです。

## 検定の概要

1級，準1級，2級，準2級，3級，4級，5級，6級，7級，8級，9級，10級，11級，かず・かたち検定のゴールドスター，シルバースターの合計15階級があります。
1～5級には，計算技能を測る「1次：計算技能検定」と数理応用技能を測る「2次：数理技能検定」があります。1次も2次も同じ日に行います。初めて受検するときは，1次・2次両方を受検します。
6級以下には，1次・2次の区分はありません。

### ○受検資格

原則として受検資格を問いません。

### ○受検方法

「個人受験」「提携会場受験」「団体受験」の3つの受験方法があります。
受験方法によって，検定日や検定料，受験できる階級や申し込み方法などが異なります。

くわしくは公式サイトでご確認ください。
https://www.su-gaku.net/suken/

## ○ 階級の構成

| 階級 | | 検定時間 | 出題数 | 合格基準 | 目安となる程度 |
|---|---|---|---|---|---|
| 1級 | | 1次：60分<br>2次：120分 | 1次：7問<br>2次：2題必須・<br>5題より2題選択 | 1次：<br>全問題の<br>70%程度 | 大学程度・一般 |
| 準1級 | | | | | 高校3年生程度<br>（数学Ⅲ程度） |
| 2級 | | 1次：50分<br>2次：90分 | 1次：15問<br>2次：2題必須・<br>5題より3題選択 | | 高校2年生程度<br>（数学Ⅱ・数学B程度） |
| 準2級 | | | 1次：15問<br>2次：10問 | 2次：<br>全問題の<br>60%程度 | 高校1年生程度<br>（数学Ⅰ・数学A程度） |
| 3級 | | 1次：50分<br>2次：60分 | 1次：30問<br>2次：20問 | | 中学3年生程度 |
| 4級 | | | | | 中学2年生程度 |
| 5級 | | | | | 中学1年生程度 |
| 6級 | | 50分 | 30問 | 全問題の<br>70%程度 | 小学6年生程度 |
| 7級 | | | | | 小学5年生程度 |
| 8級 | | | | | 小学4年生程度 |
| 9級 | | 40分 | 20問 | | 小学3年生程度 |
| 10級 | | | | | 小学2年生程度 |
| 11級 | | | | | 小学1年生程度 |
| かず・<br>かたち<br>検定 | ゴールド<br>スター | 40分 | 15問 | 10問 | 幼児 |
| | シルバー<br>スター | | | | |

## ○合否の通知

検定試験実施から，約40日後を目安に郵送にて通知。
検定日の約3週間後に「数学検定」公式サイト（https://www.su-gaku.net/suken/）からの合格確認もできます。

## ○合格者の顕彰

### 【1〜5級】

1次検定のみに合格すると計算技能検定合格証，
2次検定のみに合格すると数理技能検定合格証，
1次2次ともに合格すると実用数学技能検定合格証が発行されます。

### 【6〜11級およびかず・かたち検定】

合格すると実用数学技能検定合格証，
不合格の場合は未来期待証が発行されます。

●実用数学技能検定合格，計算技能検定合格，数理技能検定合格をそれぞれ認め，永続してこれを保証します。

## ○実用数学技能検定取得のメリット

### ◎高等学校卒業程度認定試験の必須科目「数学」が試験免除

実用数学技能検定2級以上取得で，文部科学省が行う高等学校卒業程度認定試験の「数学」が免除になります。

### ◎実用数学技能検定取得者入試優遇制度

大学・短期大学・高等学校・中学校などの一般・推薦入試における各優遇措置があります。学校によって優遇の内容が異なりますのでご注意ください。

### ◎単位認定制度

大学・高等学校・高等専門学校などで，実用数学技能検定の取得者に単位を認定している学校があります。

## ○ 3級の検定内容および技能の概要

3級の検定内容は，下のような構造になっています。

| E | F | G | 特有問題 |
|---|---|---|---|
| 30% | 30% | 30% | 10% |

### E （中学3年）

**検定の内容**

平方根，式の展開と因数分解，二次方程式，三平方の定理，円の性質，相似比，面積比，体積比，簡単な二次関数，簡単な統計　など

**技能の概要**

▶ **社会で創造的に行動するために役立つ基礎的数学技能**

1. 簡単な構造物の設計や計算ができる。
2. 斜めの長さを計算することができ，材料の無駄を出すことなく切断したり行動することができる。
3. 製品や社会現象を簡単な統計図で表示することができる。

### F （中学2年）

**検定の内容**

文字式を用いた簡単な式の四則混合計算，文字式の利用と等式の変形，連立方程式，平行線の性質，三角形の合同条件，四角形の性質，一次関数，確率の基礎，簡単な統計　など

**技能の概要**

▶ **社会で主体的かつ合理的に行動するために役立つ基礎的数学技能**

1. 2つのものの関係を文字式で合理的に表示することができる。
2. 簡単な情報を統計的な方法で表示することができる。

### G （中学1年）

**検定の内容**

正の数・負の数を含む四則混合計算，文字を用いた式，一次式の加法・減法，一元一次方程式，基本的な作図，平行移動，対称移動，回転移動，空間における直線や平面の位置関係，扇形の弧の長さと面積，空間図形の構成，空間図形の投影・展開，柱体・錐体及び球の表面積と体積，直角座標，負の数を含む比例・反比例，度数分布とヒストグラム　など

**技能の概要**

▶ **社会で賢く生活するために役立つ基礎的数学技能**

1. 負の数がわかり，社会現象の実質的正負の変化をグラフに表すことができる。
2. 基本的図形を正確に描くことができる。
3. 2つのものの関係変化を直線で表示することができる。

※アルファベットの下の表記は目安となる学年です。

**1) 当日の持ち物**

| 持ち物 ＼ 階級 | 1～5級 | | 6～8級 | 9～11級 | かず・かたち検定 |
|---|---|---|---|---|---|
| | 1次 | 2次 | | | |
| 受検証（写真貼付）※1 | 必須 | 必須 | 必須 | 必須 | |
| 鉛筆またはシャープペンシル（黒のHB・B・2B） | 必須 | 必須 | 必須 | 必須 | 必須 |
| 消しゴム | 必須 | 必須 | 必須 | 必須 | 必須 |
| ものさし（定規） | | 必須 | 必須 | 必須 | |
| コンパス | | 必須 | 必須 | | |
| 分度器 | | | 必須 | | |
| 電卓（算盤）※2 | | 使用可 | | | |

※1　個人受検と提供会場受検のみ

※2　使用できる電卓の種類　○一般的な電卓　○関数電卓　○グラフ電卓

通信機能や印刷機能をもつもの，携帯電話・スマートフォン・電子辞書・パソコンなどの電卓機能は使用できません。

**2) 答案を書く上での注意**

計算技能検定問題・数理技能検定問題とも書き込み式です。

答案は採点者にわかりやすいようにていねいに書いてください。特に，0と6，4と9，PとDとOなど，まぎらわしい数字・文字は，はっきりと区別できるように書いてください。正しく採点できない場合があります。

受検の申し込みには団体受検と個人受検があります。くわしくは，公式サイト（https://www.su-gaku.net/suken/）をご覧ください。

◦**個人受検の方法**

個人受検できる検定日は，年3回です。検定日については公式サイト等でご確認ください。※9級，10級，11級は個人受検を実施いたしません。

● お申し込み後，検定日の約1週間前を目安に受検証を送付します。受検証に検定会場や時間が明記されています。

● 検定会場は全国の県庁所在地を目安に設置される予定です。（検定日によって設定される地域が異なりますのでご注意ください。）

● 一旦納入された検定料は，理由のいかんによらず返還，繰り越し等いたしません。

## ◎個人受検は次のいずれかの方法でお申し込みできます。

### 1）インターネットで申し込む

受付期間中に公式サイト（**https://www.su-gaku.net/suken/**）からお申し込みができます。詳細は，公式サイトをご覧ください。

### 2）LINEで申し込む

数検LINE公式アカウントからお申し込みができます。お申し込みには「友だち追加」が必要です。詳細は，公式サイトをご覧ください。

### 3）コンビニエンスストア設置の情報端末で申し込む

下記のコンビニエンスストアに設置されている情報端末からお申し込みができます。

- セブンイレブン「マルチコピー機」
- ローソン「Loppi」
- ファミリーマート「マルチコピー機」
- ミニストップ「MINISTOP Loppi」

### 4）郵送で申し込む

①公式サイトからダウンロードした個人受検申込書に必要事項を記入します。

②検定料を郵便口座に振り込みます。

※郵便局へ払い込んだ際の領収書を受け取ってください。
※検定料の払い込みだけでは，申し込みとなりません。

> 郵便局振替口座：00130-5-50929
> 公益財団法人 日本数学検定協会

③下記宛先に必要なものを郵送します。

(1)**受検申込書** 　(2)**領収書・振込明細書**（またはそのコピー）

　[宛先] 　〒110-0005 東京都台東区上野5-1-1　文昌堂ビル4階
　　　　　公益財団法人　日本数学検定協会　宛

---

**デジタル特典**　スマホで読める要点まとめ

URL：https://gbc-library.gakken.jp/
ID：87xs4
パスワード：64q4vywa

※「コンテンツ追加」から「ID」と「パスワード」をご入力ください。
※コンテンツの閲覧にはGakkenIDへの登録が必要です。IDとパスワードの無断転載・複製を禁じます。サイトアクセス・ダウンロード時の通信料はお客様のご負担になります。サービスは予告なく終了する場合があります。

巻末 **数学検定3級・模擬検定問題**（切り取り式）

〈別冊〉解答と解説
※巻末に,本冊と軽くのりづけされていますので,はずしてお使いください。

# 本書の特長と使い方

本書は，数学検定合格のための攻略問題集で，
「計算技能検定［❶次］対策編」と「数理技能検定［❷次］対策編」の2部構成になっています。

## 1 解法を確認しよう！

### 第1章　計算技能検定［❶次］対策編

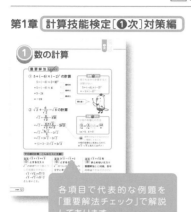

**① 数の計算**

各項目で代表的な例題を
「重要解法チェック」で解説
してあります。
ここで，計算の手順をつかみ
ましょう。

### 第2章　数理技能検定［❷次］対策編

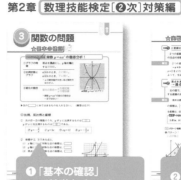

**③ 関数の問題**

☆実戦解法テクニック☆

**❶**「基本の確認」
で基礎力チェック

「これだけはチェック」で要点
をチェックしたら，穴埋め問題
で基礎事項を確かめましょう。

**❷**「実戦解法テクニック」
で実戦力アップ！

重要例題の解法を確認して，
解き方を身につけましょう。

## 2 3ステップの問題で理解を定着！

**❶ 基本の問題**

⬇

**❷ 合格力をつける問題**

⬇

**❸ ゆとりで合格の問題**

の3段階式で，
無理なく着実に力がつきます。

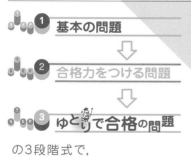

**❶ 基本の問題**

間違えやすい問題
には「ミス注意」の
マークつき。
miss

🕐 3分　大問ごとに制
限時間が設け
られているので，本番での
時間配分がつかめる。

実力を試すような
問題には「チャレン
ジ！」のマークつき。
CHALLENGE

## 3 巻末 模擬検定問題 で総仕上げ！

本書の巻末には，模擬検定問題がついています。
実際の検定内容にそった問題ばかりですから，
制限時間を守り，本番のつもりで挑戦しましょう。

## 〈別冊〉解答と解説

問題の解答と解説は，答え合わせのしやすい別冊です。
できなかった問題は，解説をよく読んで，
正しい解き方を確認しましょう。

**①次 ②次**

第 **1** 章

# 計算技能検定［1次］【対策編】

電卓は使用できません

# 数の計算

**重 要 解 法** チェック!

## ① $5+(-6)\times(-2)^2$ の計算

$$5+(-6)\times(-2)^2$$
$$=5+(-6)\times 4$$
$$=5-24$$
$$=-19$$

- ❶累乗
- ❷乗法
- ❸減法

**合格 テク**

何でも左から計算すると
は限らない。
$$5+(-6)\times(-2)^2$$
$$=-1\times(-2)^2$$

要注意!

## ② $\sqrt{2}+\dfrac{6}{\sqrt{2}}-\sqrt{8}$ の計算

$$\sqrt{2}+\frac{6}{\sqrt{2}}-\sqrt{8}$$
$$=\sqrt{2}+\frac{6\times\sqrt{2}}{\sqrt{2}\times\sqrt{2}}-2\sqrt{2}$$
$$=\sqrt{2}+\frac{\overset{3}{6}\sqrt{2}}{\underset{1}{2}}-2\sqrt{2}$$
$$=\sqrt{2}+3\sqrt{2}-2\sqrt{2}$$
$$=(1+3-2)\sqrt{2}=2\sqrt{2}$$

**合格 テク**

分母の有理化の方法
$$\frac{\sqrt{b}}{\sqrt{a}}=\frac{\sqrt{b}\times\sqrt{a}}{\sqrt{a}\times\sqrt{a}}=\frac{\sqrt{ab}}{a}$$
$(a>0,\ b>0)$

注意 根号の中はできるだけ小さ
い整数にすること

分母の有理化に気をとられて,
$4\sqrt{2}-\sqrt{8}$ と答えてはダメ!

---

平方根の計算　こんなミスに注意!!

**ミス①** $\sqrt{2}+\sqrt{3}=\sqrt{5}$ とするミス!!

$\sqrt{\phantom{2}}$ の中がちがう数どう
しの加減はできない。
$$\sqrt{2}+\sqrt{3}=\sqrt{2+3}$$
$$\sqrt{3}-\sqrt{2}=\sqrt{3-2}$$
としないこと。

**ミス②** $2\sqrt{5}-\sqrt{5}=2$ とするミス!!

$\sqrt{\phantom{2}}$ のついた数を1つの
文字と考えて, 同類項を
まとめる要領で。
$$2\sqrt{5}-\sqrt{5}$$
$$=(2-1)\sqrt{5}=\sqrt{5}$$

**ミス③** $\sqrt{3}+\sqrt{12}$ を まとめないミス!!

**重要解法②**と同様, 根号
の中はできるだけ小さい
整数に変形せよ。
$$\sqrt{3}+\sqrt{12}$$
$$=\sqrt{3}+2\sqrt{3}=3\sqrt{3}$$

計算の順序と符号の扱いに注意して，
ケアレスミスを防ごう！

## STEP ① 基本の問題

答え：別冊01ページ

 次の計算をしなさい。 3分

(1) $5-(-3)$

(2) $(-1.5)-\dfrac{2}{3}$

(3) $6-(+3)+(-8)$

(4) $(-15)+(-7)-(-9)$

(5) $-5-(-10)-(+9)$

(6) $-18+25+13-21$

2 次の計算をしなさい。 3分

(1) $-2\times(-7)$

(2) $\dfrac{3}{4}\times\left(-\dfrac{2}{9}\right)$

(3) $3^{2}\times(-2)$

(4) $-12\div(-3)$

3 次の計算をしなさい。 3分

(1) $\sqrt{2}\times\sqrt{3}$

(2) $\sqrt{3}\times\sqrt{18}$

(3) $\sqrt{18}\div\sqrt{6}$

(4) $\sqrt{8}\div\sqrt{2}$

4 次の計算をしなさい。 3分

(1) $2\sqrt{3}+4\sqrt{3}$

(2) $\sqrt{5}+6\sqrt{5}$

(3) $4\sqrt{2}-\sqrt{2}$

(4) $3\sqrt{7}-5\sqrt{7}$

次の数の分母を有理化しなさい。

(1) $\dfrac{2}{\sqrt{7}}$

(2) $\dfrac{12}{\sqrt{3}}$

(3) $\dfrac{\sqrt{2}}{\sqrt{5}}$

(4) $\dfrac{4}{3\sqrt{2}}$

## STEP 2 合格力をつける問題　答え：別冊02ページ

**1** 次の計算をしなさい。 5分

(1) $\dfrac{3}{10} \times \left(-\dfrac{5}{6}\right) \div \dfrac{3}{8}$

(2) $\dfrac{14}{15} \div \left(-\dfrac{3}{5}\right) \div \left(-\dfrac{7}{9}\right)$

(3) $4+3\times(-2)$

(4) $24-12\div(-4)$

(5) $-6\times7+32\div(-4)$

(6) $-\dfrac{5}{9}\times2.7+\dfrac{3}{4}\div1.5$

(7) ミス注意(-4)^2-2^3

(8) $(-5)^2-3\times2^3$

(9) $3\times(-2)^3-18\times(-3)^2$

(10) $-\dfrac{5}{9}\times0.6-2\times\left(-\dfrac{1}{3}\right)^2$

 次の計算をしなさい。

(1) $\sqrt{20}+\sqrt{80}$

(2) $3\sqrt{12}-\sqrt{48}$

(3) $-\sqrt{28}+\sqrt{63}-\sqrt{7}$

(4) $\sqrt{54}-\sqrt{24}+\sqrt{150}$

(5) $\sqrt{75}-\dfrac{9}{\sqrt{3}}$

(6) $\sqrt{2}-\sqrt{8}-\dfrac{8}{\sqrt{2}}$

**3** 次の計算をしなさい。

(1) $\sqrt{3}\,(7-2\sqrt{3}\,)-\sqrt{75}$

(2) $\sqrt{7}\,(\sqrt{21}+\sqrt{7}\,)-\dfrac{6}{\sqrt{3}}$

(3) $(\sqrt{3}+2)^2$

(4) $(\sqrt{2}+2)(\sqrt{2}-3)$

(5) $(\sqrt{7}+4)(\sqrt{7}-4)$

(6) $(\sqrt{2}+\sqrt{6}\,)^2-\sqrt{48}$

**4** 210 を，次の手順で素因数分解します。

(1) 右の □ にあてはまる数を書きなさい。

① □ ) 2 1 0
② □ ) 1 0 5
③ □ ) 3 5
④ □

(2) 210 を素因数分解しなさい。

**5** 次の数を素因数分解しなさい。

(1) 110

(2) 72

**ゆとりで合格の問題** 答え：別冊03ページ

**1** 次の計算をしなさい。

(1) $\dfrac{1}{2}-\left(\dfrac{1}{5}-0.3\right)+\left(-\dfrac{3}{4}\right)$

(2) $-2^2-\left\{\left(-\dfrac{3}{2}\right)^2+\dfrac{5}{4}\right\}\div(-0.5)^2$

(3) $\dfrac{\sqrt{27}}{3}-\dfrac{18}{\sqrt{3}}+\dfrac{\sqrt{24}}{\sqrt{2}}$

(4) $(\sqrt{6}+3)^2+(3\sqrt{2}-\sqrt{3}\,)^2$

(5) $(\sqrt{2}+\sqrt{5}\,)(\sqrt{18}-\sqrt{45}\,)$

(6) $(\sqrt{2}+\sqrt{3}+\sqrt{5}\,)(\sqrt{2}+\sqrt{3}-\sqrt{5}\,)$

**ヒント** (6) 式の中の同じ部分 $\sqrt{2}+\sqrt{3}$ をひとまとまりとみて，乗法公式を利用する。

# ② 式の計算①

**重要解法 チェック!**

① $\dfrac{a+5b}{2}-\dfrac{2a-b}{3}$ の計算

$$\dfrac{a+5b}{2}-\dfrac{2a-b}{3}$$

2と3の最小公倍数6で通分

$$=\dfrac{3(a+5b)}{6}-\dfrac{2(2a-b)}{6}$$

$$=\dfrac{3a+15b-4a+2b}{6}$$

分子の同類項をまとめる

$$=\dfrac{-a+17b}{6}$$

**合格 テク**

分母をはらってはダメ!
方程式のように，全体に6をかけて，
$3(a+5b)-2(2a-b)$
としてはいけない。

② $(3x^2y+5xy)\div\dfrac{3}{2}x$ の計算

$$(3x^2y+5xy)\div\dfrac{3}{2}x$$

除法を乗法に直す

$$=(3x^2y+5xy)\times\dfrac{2}{3x}$$

分配法則

$$=3x^2y\times\dfrac{2}{3x}+5xy\times\dfrac{2}{3x}$$

$$=2xy+\dfrac{10}{3}y$$

**合格 テク**

係数が分数の単項式でわる計算では，逆数をかける乗法に直すこと。
$\dfrac{3}{2}x=\dfrac{3x}{2}$ だから，
逆数は $\dfrac{2}{3x}$

**数×( )** こんなミスに注意!!

**ミス多発** $-2(a-3b)$ の計算

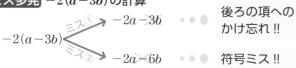

$-2(a-3b)$
　ミス① → $-2a-3b$ ● ● ● 後ろの項へのかけ忘れ!!
　ミス② → $-2a-6b$ ● ● ● 符号ミス!!

〈正しい計算〉 $-2(a-3b)=\mathbf{-2}\times a+(\mathbf{-2})\times(-3b)=-2a+6b$

符号もふくめて各項にかける

符号のミス，かけ忘れのミス，累乗の計算のミスなどに注意しよう。

## 基本の問題

 答え：別冊**03**ページ

**1** 次の計算をしなさい。　　　🕐 5分

(1) $3x + x - 5x$

(2) $4a - 3 - 7a - 2$

(3) $2x \times (-4)$

(4) $-24a \div \left(-\dfrac{3}{4}\right)$

(5) $(5y - 4) + (2y - 5)$

(6)  $(a + 3) - (3a - 7)$

(7) $\dfrac{1}{6}(12x + 30)$

(8) $(6a - 9) \div (-3)$

**2** 次の計算をしなさい。　　　🕐 5分

(1) $4x - 7y + 4y - 8x$

(2) $(3a + 4b) - (5a - 7b)$

(3) $4a \times (-3b)$

(4) $(-3x)^2 \times 2y$

(5) $15ab \div 5b$

(6)  $-6xy \div \dfrac{3}{5}x$

(7) $(8x - 12) \div (-4)$

(8) $3a + 2 - 2(-a + 1)$

**3** 次の計算をしなさい。　　　🕐 3分

(1) $2a(3b + 2c)$

(2) $(2x - 5y) \times (-3x)$

(3) $(8x^2 + 6xy) \div 2x$

(4) $(2a^2b + 3ab^2) \div \left(-\dfrac{ab}{5}\right)$

 次の計算をしなさい。 10分

(1) $\dfrac{1}{4}x - \dfrac{2}{5}x$

(2) $(5x-2)-(-3x-2y+8)$

(3) $\left(\dfrac{2}{3}x-7\right)-\left(\dfrac{1}{4}x+3\right)$

(4) $1.2x-0.7-(1.6x-0.9)$

(5) $15 \times \dfrac{4a-3}{5}$

(6) $(9x-12) \div \left(-\dfrac{3}{4}\right)$

 次の計算をしなさい。 10分

(1) $4(x-3y)+3(2x+y)$

(2) $2(-3x+4y)+5(x-3y)$

(3) $3(4x-y)-6(x-2y)$

(4) $7(3x-5y)-4(5x-9y)$

(5) $0.3(3x-0.5)+0.2(4x+0.5)$

(6) $1.2(2x-0.3)-0.8(6x-0.2)$

 次の計算をしなさい。 15分

(1) $-3x^2y^2 \times (-2xy^2)$

(2) $\dfrac{1}{9}x^2y \times (-3xy)^3$

(3) $12a^2b \div \left(-\dfrac{2}{3}ab\right)$

(4) $\dfrac{5}{8}x^2y^3 \div \left(-\dfrac{1}{2}xy\right)^2$

(5) $24xy^3 \div 16x^3y^2 \times 2x$

(6) $(-3xy)^3 \div 9xy^2 \div (-xy)$

(7) $\dfrac{14}{15}x^2 \times \left(\dfrac{3}{4}xy\right)^2 \div \dfrac{21}{32}x^3y$

**CHALLENGE チャレンジ!** (8) $\dfrac{7}{16}x^4y^3 \div \left(\dfrac{7}{6}x^3y^2\right)^2 \times \dfrac{14}{9}x^2y$

**4** 次の計算をしなさい。 ⏱10分

(1)  $\dfrac{5a-1}{2}+\dfrac{-4a+1}{3}$

(2) $\dfrac{x+3y}{2}+\dfrac{3x-7y}{8}$

(3) $x+y-\dfrac{3x-2y}{6}$

(4) $\dfrac{2x+3y}{3}-\dfrac{4x+5y}{9}$

(5) $\dfrac{7x-4y}{9}-\dfrac{3x-y}{6}$

(6) $\dfrac{5x-6y}{4}-\dfrac{11x+6y}{12}$

**5** 次の等式を，〔　〕内の文字について解きなさい。 ⏱5分

(1) $S=\dfrac{1}{2}ab$ 〔$a$〕

(2) $3x+7y=5$ 〔$y$〕

(3) $a=\dfrac{1}{2}b+\dfrac{1}{4}c$ 〔$c$〕

(4) $S=\dfrac{(a+b)h}{2}$ 〔$a$〕

**6** 次の計算をしなさい。 ⏱5分

(1) $\dfrac{1}{3}ab^2(6a-3b+12c)$

(2) $(x^2y^2-2x^2y^3)\div(-xy)^2$

(3) $3x(2x-y)-2y(-x+y)$

(4) $\dfrac{x}{3}(6xy-9y)+\dfrac{xy}{2}(4-2x)$

 ゆとりで合格の問題 📖答え：別冊**06**ページ

**1** 次の計算をしなさい。

(1) $\dfrac{5x-2}{4}-\dfrac{5x+3}{3}+\dfrac{x+4}{2}$

(2) $\left(\dfrac{2}{5}a+5b\right)+\left(\dfrac{1}{3}a-4b\right)-\left(\dfrac{1}{2}a-7b-3\right)$

(3) $\left(-\dfrac{y^3}{x}\right)^3\div\left(\dfrac{9y}{x^4}\right)^2\times\left(-\dfrac{3}{xy^2}\right)^4$

# 3 式の計算②

## 重要解法 チェック!

① $\left(2x+\dfrac{y}{3}\right)^2$ の展開

公式 $(a+b)^2=a^2+2ab+b^2$ の $a$ に $2x$, $b$ に $\dfrac{y}{3}$ をあてはめる。

$$( \underset{\downarrow}{a} + \underset{\downarrow}{b})^2 = \underset{\downarrow}{a}^2 +2\times \underset{\downarrow}{a} \times \underset{\downarrow}{b} + \underset{\downarrow}{b}^2$$

$$\left(2x+\dfrac{y}{3}\right)^2=(2x)^2+2\times 2x\times\dfrac{y}{3}+\left(\dfrac{y}{3}\right)^2$$

$$=4x^2+\dfrac{4}{3}xy+\dfrac{y^2}{9}$$

> **合格 テク**
> 2乗のところに
> あてはめるときは,
> （ ）をつける。
> かっこをつけない
> と, $2x^2$, $\dfrac{y^2}{3}$ など
> とミスしやすい。

② $(x+y)^2-3(x+y)+2$ の因数分解

$$(x+y)^2-3(x+y)+2$$
$$x+y \text{ を } A \text{ とおくと,}$$
$$A^2-3A+2$$

・注意・ これを答えと
するな！
必ずもとにもどす
ことを忘れずに。

$$= (A-2)(A-1)$$
$$= (x+y-2)(x+y-1)$$

> **合格 テク**
> 式の共通部分を1
> つの文字でおきか
> える!!
> 共通部分を文字で
> おきかえると公式
> が使いやすい。

展開・因数分解の公式を利用して
### 数の計算が能率的にできる

● $99^2$ の計算

$$99^2=(100-1)^2$$
$$=100^2-2\times100\times1+1^2=9801$$

● $103\times97$ の計算

$$103\times97=(100+3)(100-3)$$
$$=100^2-3^2=9991$$

● $64^2-36^2$ の計算

$$64^2-36^2=(64+36)(64-36)$$
$$=100\times28=2800$$

> **確認 乗法公式**
> ❶ $(a+b)^2=a^2+2ab+b^2$
> ❷ $(a-b)^2=a^2-2ab+b^2$
> ❸ $(a+b)(a-b)=a^2-b^2$
> ❹ $(x+a)(x+b)=x^2+(a+b)x+ab$

> 右辺と左辺を入れかえると,
> 因数分解の公式だね。

**ココが ポイント** 乗法公式の利用**がきめ手！**　おきかえ

**などのパターンにも慣れよう。**

# 基本の問題

 答え：別冊**07**ページ

**1** 次の式を展開しなさい。　　🕐 5分

(1) $(a+3)(b+5)$

(2) $(x+2)(x+3)$

(3) $(x-7)(x-4)$

(4) $(x-6)(x+8)$

(5) $(x+1)^2$

(6) $(y-4)^2$

(7) $(x+5)(x-5)$

(8) $(a+8)(a-8)$

**2** 次の式を因数分解しなさい。　　🕐 5分

(1) $6ab-3a^2$

(2)  $4x^2y+6xy^2-2xy$

(3) $x^2+7x+12$

(4) $x^2-x-20$

(5) $x^2+6x+9$

(6) $x^2-12x+36$

(7) $x^2-9$

(8) $4a^2-1$

**3** 次の式を，くふうして計算しなさい。　　🕐 5分

(1) $101^2$

(2) $7.5^2-2.5^2$

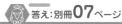

 **合格力をつける問題** 答え：別冊**07**ページ

**1** 次の式を展開しなさい。 ⏱5分

(1) $(x-5y)(3x+8y)$

(2) $(a+b-2)(a-2b)$

(3) $(a+6b)(a-2b)$

(4) $(2a-5b)^2$

(5) $\left(2x+\dfrac{1}{2}y\right)^2$

(6) $(3a-4)(3a+4)$

**2** 次の式を展開して計算しなさい。

(1) $(9x-7y)(3x+5y)-4x\times6y$

(2) $(x+3)(x-2)+x(x+1)$

(3) $(x-6)^2-(x+4)(x+9)$

(4) $(2x+1)^2+(x+2)^2$

(5) $(x-5)^2-(x-4)(x+4)$

(6) $(x-2y)^2-(x-y)(x-4y)$

**3** 次の式を因数分解しなさい。

(1) $x^2-8xy+15y^2$

(2) $x^2+7xy-18y^2$

(3) $4x^2+12xy+9y^2$

(4) $x^2-25y^2$

(5) $2x^3-8x^2-24x$

(6) $x^3-36x$

(7) $3ax^2+18ax+27a$

(8) $ax^2+axy-2ay^2$

**4** 次の式を因数分解しなさい。

(1) $(x+2)^2-y^2$

(2) $(x-3)^2-4(x-3)+4$

(3) $(x+5)^2-5(x+5)+6$

(4) $(x-y)(x-2y)+2y(x-2y)$

(5) $x^2-y^2+x-y$

(6) $x^2+2xy+y^2-3x-3y$

**5** 次の式を，くふうして計算しなさい。

(1) $93^2-92^2-91^2+90^2$

因数分解を利用して，式を計算がカンタンになるような形にしよう。

(2) $208\times208-2\times208\times205+205\times205$

## STEP ❸ ゆとりで合格の問題 答え：別冊**09**ページ

**1** 次の問いに答えなさい。

(1) $(2x-3y)^2-4(x+y)(5x+2y)+(4x-y)(4x+y)$ を展開して計算しなさい。

(2) $(x^2-3x+1)^2+(x^2-3x+1)-2$ を因数分解しなさい。

(3) $(x^2-2x)(x^2-2x-2)-3$ を因数分解しなさい。

(4) $422\times422+421\times417-422\times419-421\times423$ を計算しなさい。

**ヒント** (4) 422 を $A$ とおいて，この式を $A$ を用いた式で表してみる。

方 程 式

## 重要解法 チェック！

① $\begin{cases} 0.5x+0.2y=0.8 & \cdots\cdots(1) \\ \dfrac{1}{2}x-\dfrac{2}{3}y=6 & \cdots\cdots(2) \end{cases}$ の解き方

**合格 テク**

係数が小数・分数のとき
は，係数を整数に直す！
小数のときは，両辺を
10倍，100倍する。
分数のときは，両辺に分
母の最小公倍数をかけ
て，分母をはらう。

(1)×10 より，$5x+2y=8$ ……(3)
(2)×6 より，$3x-4y=36$ ……(4)
(3)×2＋(4)より，

$$\begin{array}{r} 10x+4y=16 \\ +)\ \ 3x-4y=36 \\ \hline 13x\phantom{+4y}=52 \\ x\phantom{+4y}=4 \end{array}$$

$x=4$ を(3)に代入して，

$5\times4+2y=8$ $\qquad\boxed{\begin{array}{l}20+2y=8\\2y=-12\end{array}}$

$\quad y=-6$

## ② $x^2-3x-40=0$ の解き方

$x^2-3x-40=0$
$(x+5)(x-8)=0$
$x+5=0$ または $x-8=0$
$\quad x=-5,\ x=8$

**合格 テク**

公式を利用して，左辺を因数
分解！
$ax^2+bx+c=0$ の 形 の 方 程
式は，まず，左辺が因数分解
できるかどうかを考える。

**比例式の性質** $a:b=c:d$ ならば，$ad=bc$

**2次方程式の解の公式**

2次方程式 $ax^2+bx+c=0$ の解 ➡ $x=\dfrac{-b\pm\sqrt{b^2-4ac}}{2a}$

例 $3x^2-4x-2=0$

解の公式に，$a=3,\ b=-4,\ c=-2$ を代入すると，

$$x=\frac{-(-4)\pm\sqrt{(-4)^2-4\times3\times(-2)}}{2\times3}=\frac{4\pm\sqrt{16+24}}{6}=\frac{4\pm2\sqrt{10}}{6}=\frac{2\pm\sqrt{10}}{3}$$

2次方程式は，平方根の考え方，因数分解，解の公式のいずれかを利用！

 学習日　　月　日

# 基本の問題

 答え：別冊09ページ

 次の方程式を解きなさい。 3分

(1) $4x+7=15$

(2) $5x+14=3x$

(3) $-9x=3-8x$

(4) $8x-3=7x+2$

 次の比例式で，$x$ の値を求めなさい。 3分

(1) $x:9=2:3$

(2) $20:5=x:6$

 次の連立方程式を解きなさい。 5分

(1) $\begin{cases} 2x-y=8 \\ x+y=1 \end{cases}$

(2) $\begin{cases} 3x+2y=-6 \\ 3x+7y=9 \end{cases}$

(3) $\begin{cases} 4x-y=8 \\ y=x-5 \end{cases}$

(4) $\begin{cases} x+2y=4 \\ 3x-y=5 \end{cases}$

 次の2次方程式を解きなさい。 5分

(1) $x^2-16=0$

(2) $7x^2=49$

(3) $(x+2)^2-5=0$

(4) $(x-1)^2=9$

(5) $(x+2)(x-5)=0$

(6) $x^2-4x+3=0$

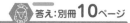

# 合格力をつける問題

答え：別冊**10**ページ

 次の方程式を解きなさい。　⏱10分

(1) $9x-5=3x+7$

(2) $4x-9=8x+3$

(3) $2(x+5)=x+4$

(4) $5-0.7x=0.8x+0.5$

(5) $0.5(3x-1)=0.4(2x+0.5)$

(6) $\dfrac{1}{2}x+\dfrac{3}{4}=-\dfrac{1}{8}x-\dfrac{1}{2}$

(7) $\dfrac{x-6}{5}=2x+3$

(8) $\dfrac{7x-2}{4}=\dfrac{5x+8}{6}$

**2** 次の比例式で，$x$ の値を求めなさい。　⏱3分

(1) $\dfrac{2}{3}:\dfrac{4}{5}=15:x$

(2) $(x+4):x=28:12$

**3** 次の連立方程式を解きなさい。　⏱15分

(1) $\begin{cases} 3x+y=5 \\ 4x+5y=-8 \end{cases}$

(2) $\begin{cases} -2x+3y=3 \\ 3x-4y=-2 \end{cases}$

(3) $\begin{cases} y=3x-7 \\ -4x+3y=4 \end{cases}$

(4) $\begin{cases} y=4x+5 \\ y=-3x-9 \end{cases}$

(5) $\begin{cases} -0.4x+1.5y=3.8 \\ \dfrac{1}{3}x+\dfrac{5}{6}y=1 \end{cases}$

(6) $\begin{cases} 0.8x-0.3y=0.9 \\ \dfrac{1}{2}y=\dfrac{1}{6}x+2 \end{cases}$

(7) $\begin{cases} 0.4x-1.8y=0.1 \\ -2x+\dfrac{3}{5}y=\dfrac{9}{10} \end{cases}$

(8) $2x-3y=3x-2y=-15$

**4** 次の 2 次方程式を解きなさい。 ⏱15分

(1)  $25x^2-16=0$

(2)  $x^2-x-42=0$

(3)  $x^2-3x+1=0$

(4)  $(x-1)^2-18=0$

(5)  $x^2+10x+25=0$

(6)  $x^2-6x-5=0$

(7) $x^2=x$

(8)  $x^2+9x-36=0$

(9)  $4x^2-12x+9=0$

(10)  $3x^2-5x+1=0$

**5** 次の 2 次方程式を解きなさい。 ⏱10分

(1)  $(x+2)(x-5)=8$

(2)  $(x+3)^2=2x+5$

(3)  $2x(x-2)-(x+1)(x-2)=0$

まず式を展開して，$ax^2+bx+c=0$ の形に整理しよう。

(4)  $(2x+1)(x-2)=3$

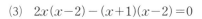

**STEP 3** ゆとりで合格の問題  答え：別冊**13**ページ

 **1** 次の問いに答えなさい。 ⏱10分

(1)  方程式 $\frac{1}{2}x-\frac{1}{6}\left\{x-\frac{1}{4}\left(x-\frac{1}{6}x\right)\right\}=53$ を解きなさい。

(2)  連立方程式 $\frac{x+1}{3}=\frac{y+1}{4}=\frac{x+y}{6}$ を解きなさい。

(3)  2 次方程式 $(x+3)^2-2(x+3)-35=0$ を解きなさい。

 # 5 関 数

## ① 2点(2，－1)，(4，5)を通る直線の式

直線の式を $y=ax+b$ とおくと，

$$\begin{cases} -1=2a+b & \cdots\cdots(1) \\ 5=4a+b & \cdots\cdots(2) \end{cases}$$

←── $y=ax+b$ に $x=2$，$y=-1$ を代入。
←── $y=ax+b$ に $x=4$，$y=5$ を代入。

(1),(2)を連立方程式として解くと，

$a=3$，$b=-7$

したがって，2点(2，－1)，

(4，5)を通る直線の式は，

$y=3x-7$

**合格 テク**

直線の式を $y=ax+b$ とおく！
$y=ax+b$ に，2点の座標の $x$，$y$ の値を代入して，$a$，$b$ について の連立方程式をつくる。

## ② 点(2，4)を通る放物線の式

▶関数 $y=ax^2$ のグラフが点(2，4)を通るときの $a$ の値

点( **2** ， **4** )は $y=ax^2$ のグラフ上にある から，$x=$ **2** ，$y=$ **4** を式に代入して，

**4** $=a\times$ **2** $^2$，$4=4a$，**$a=1$**

**注意** $x$，$y$ の値のとりちがえに注意！

$2=a\times4^2$ としてしまうミスがけっこ う多い。注意しよう。

**図解**

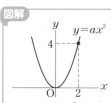

＊関数 $y=ax^2$ のグラ フの式は1点がわか れば求まる。

## 関数の式・グラフを整理しよう。

● 比例

式 ➡ $y=ax$

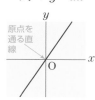

原点を 通る直 線

● 反比例

式 ➡ $y=\dfrac{a}{x}$

双曲線

● 1次関数

式 ➡ $y=ax+b$

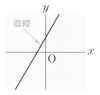

直線

● 2乗に比例

式 ➡ $y=ax^2$

放物線

POINT
ココが
ポイント

比例・反比例，1次関数，2乗に比例
する関数の式の形を覚えておこう。

学習日

月　日

1
次
計算技能

# 基本の問題

 答え：別冊**13**ページ

**1**　次の問いに答えなさい。

(1)　$y$ は $x$ に比例し，$x=3$ のとき $y=-9$ です。
　① 　$y$ を $x$ の式で表しなさい。

　② 　$x=2$ のときの $y$ の値を求めなさい。

(2)　$y$ は $x$ に反比例し，$x=2$ のとき $y=6$ です。
　① 　$y$ を $x$ の式で表しなさい。

　② 　$x=-4$ のときの $y$ の値を求めなさい。

**2**　次の直線の式を求めなさい。

(1)　傾きが $-3$ で，点$(2,\ -3)$を通る直線。

(2)　2点$(0,\ -5)$，$(4,\ 3)$を通る直線。

**3**　次の問いに答えなさい。

(1)　$y$ は $x$ の2乗に比例し，$x=3$ のとき $y=27$ です。
　① 　$y$ を $x$ の式で表しなさい。

　② 　$x=-2$ のときの $y$ の値を求めなさい。

(2)　関数 $y=2x^2$ で，$x$ の値が1から3まで増加するときの変化の割合を求めなさい。

# 合格力をつける問題 答え：別冊**14**ページ

**1** 次の問いに答えなさい。 ⏱10分

(1) $y$ は $x$ に比例し，$x=3$ のとき $y=21$ です。$x=-5$ のときの $y$ の値を求めなさい。

(2) 右の表は，$y$ が $x$ に反比例する関係を表したものです。ア，イにあてはまる数を求めなさい。

| $x$ | $-8$ | $-4$ | $2$ | イ |
|---|---|---|---|---|
| $y$ | ア | $6$ | $-12$ | $-4$ |

(3) 点 $(a,\ 6)$ が関数 $y=-3x$ のグラフ上にあるとき，$a$ の値を求めなさい。

(4) 点 $(-2,\ a)$ が関数 $y=\dfrac{18}{x}$ のグラフ上にあるとき，$a$ の値を求めなさい。

**2** 次の問いに答えなさい。 ⏱15分

(1) 1次関数 $y=3x-5$ で，$y=4$ に対応する $x$ の値を求めなさい。

(2) $x=2$ のとき $y=1$，$x=6$ のとき $y=9$ である1次関数の式を求めなさい。

(3) 直線 $y=-\dfrac{2}{3}x-5$ 上にあり，$x$ 座標が $12$ である点の $y$ 座標を求めなさい。

(4) グラフが直線 $y=-4x+3$ に平行で，点 $(-3,\ 9)$ を通る1次関数の式を求めなさい。

> 平行な2直線は，
> 傾きが等しいよ。

(5) 1次関数 $y=-2x+3$ で，$x$ の変域が $-2\leqq x\leqq 4$ のときの $y$ の変域を求めなさい。

**3** 次の問いに答えなさい。 ⏱15分

(1) $y$ は $x$ の2乗に比例し，$x=5$ のとき $y=-5$ です。$y$ を $x$ の式で表しなさい。

(2) $y$ は $x$ の2乗に比例し，$x=3$ のとき $y=18$ です。$y=24$ のときの $x$ の値を求めなさい。

(3) 関数 $y=ax^2$ のグラフが点 $(2,\ 12)$ を通るとき，$a$ の値を求めなさい。

(4) 関数 $y=\dfrac{1}{2}x^2$ で，$x$ の変域が $-2\leqq x\leqq 4$ のときの $y$ の変域を求めなさい。

(5) 関数 $y=-\dfrac{1}{3}x^2$ で，$x$ の値が3から9まで増加するときの変化の割合を求めなさい。

(6) 関数 $y=ax^2$ で，$x$ の値が2から4まで増加するときの変化の割合が $-18$ のとき，$a$ の値を求めなさい。

**STEP 3** ゆとりで合格の問題 答え:別冊**15**ページ

**1** 次の問いに答えなさい。 ⏱10分

(1) $y+1$ は $x-3$ に反比例し，$x=9$ のとき $y=2$ です。$x=-3$ のときの $y$ の値を求めなさい。

(2) 3点 $(1,\ 3)$，$(3,\ -5)$，$(-2,\ a)$ が同一直線上にあるとき，$a$ の値を求めなさい。

(3) 関数 $y=x^2$ で，$x$ の値が $a$ から $a+1$ まで増加するときの変化の割合が15のとき，$a$ の値を求めなさい。

ヒント (2) 2点 $(1,\ 3)$，$(3,\ -5)$ を通る直線上に，点 $(-2,\ a)$ があると考える。

# 6 図 形 ①

## 重要解法 チェック!

### ① 角の大きさを求める問題

▶右の図で，$\ell \mathbin{/\!/} m$ のときの $\angle x$ の大きさ

　右下の図のように，直線 $\ell$ に平行な直線 $n$ をひく。

　$\ell \mathbin{/\!/} n$ で，錯角は等しいから，$\angle a = 30°$

　よって，$\angle b = 80° - 30° = 50°$

　$n \mathbin{/\!/} m$ で，同位角は等しいから，$\angle c = 50°$

　三角形の 1 つの外角は，それととなり合わない 2 つの内角の和に等しいから，

　　　$\angle x = 50° + 70° = 120°$

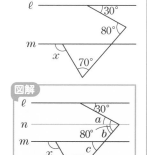

図解

### ② 正多角形の内角・外角を求める問題

▶正六角形の 1 つの内角の大きさと 1 つの外角の大きさ

　六角形の内角の和は，$180° \times (6-2) = 720°$

　よって，1 つの内角の大きさは，

　　$720° \div 6 = 120°$

　これより，1 つの外角の大きさは，

　　$180° - 120° = 60°$

合格 テク

**$n$ 角形の内角の和**
➡ $180° \times (n-2)$

**多角形の外角の和➡ 360°**

〔別解〕

　多角形の外角の和は 360° ←── 多角形の外角の和は，何角形でも 360°

　よって，1 つの外角の大きさは，$360° \div 6 = 60°$

---

### 三角形の内角と外角

●三角形の内角の和は **180°**

　右の図で，$\angle a + \angle b + \angle c = 180°$

●三角形の 1 つの外角は，**それととなり合わない 2 つの内角の和に等しい。**

　右の図で，$\angle d = \angle a + \angle b$

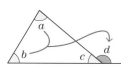

POINT

ココが
ポイント

補助線をひいて，平行線と角の関係や，
三角形の角の関係を利用しよう。

# 基本の問題

答え：別冊**15**ページ

**1** 右の図で，$a /\!/ b$，$c /\!/ d$ のとき，$\angle x$，$\angle y$，$\angle z$ の大きさを求めなさい。

 3分

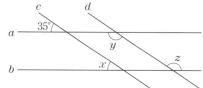

**2** 次の図で，$\angle x$ の大きさを求めなさい。

 5分

(1)

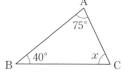

(2)

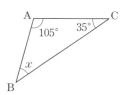

(3)

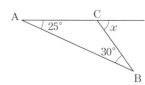

(4)

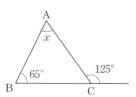

**3** 次の問いに答えなさい。

 5分

(1) 五角形の内角の和は何度ですか。

(2) 正五角形の1つの内角の大きさは何度ですか。

(3) 正八角形の1つの外角の大きさは何度ですか。

# 合格力をつける問題　答え：別冊16ページ

**1** 次の図で，$\ell /\!/ m$ のとき，∠$x$ の大きさを求めなさい。　⏱10分

(1)
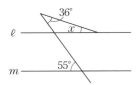

(2)
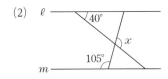

(3)
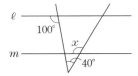

(4)

**2** 次の図で，∠$x$ の大きさを求めなさい。　⏱5分

(1)
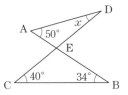

(2)
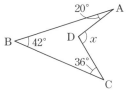

**3** 　右の図の △ABC は，AB＝AC の二等辺三角形です。∠ABC の二等分線と辺 AC との交点を D とします。∠A＝72°のとき，次の問いに答えなさい。

⏱5分

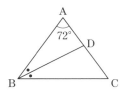

(1)　∠C の大きさは何度ですか。

(2)　∠ADB の大きさは何度ですか。

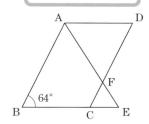

**4** 　右の図の平行四辺形 ABCD で，辺 BC の延長上に AB＝BE となる点 E をとります。辺 CD と線分 AE との交点を F とします。∠B＝64°のとき，次の問いに答えなさい。　⏰ 5分

(1)　∠DAF の大きさは何度ですか。

(2)　∠AFC の大きさは何度ですか。

**5** 　次の問いに答えなさい。　⏰ 10分

(1)　正十角形の 1 つの内角の大きさは何度ですか。

(2)　正十二角形の 1 つの外角の大きさは何度ですか。

(3)　内角の和が 1260°である多角形は何角形ですか。

(4)　1 つの内角の大きさが 135°である正多角形は正何角形ですか。

STEP **3** ゆとりで合格の問題 　📖答え：別冊**17**ページ

**1** 　次の問いに答えなさい。　⏰ 10分

(1)　右の図で，$\ell /\!/ m$ のとき，∠$x$ の大きさは何度ですか。

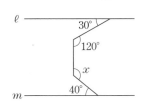

(2)　右の図で，∠B＝90°，DA＝DB＝BC です。∠$x$ の大きさを求めなさい。

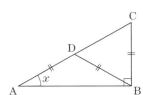

# 7 図形②

## ① 円と角についての問題

▶右の図の円 O の ∠$x$ の大きさ

$\angle x$ は，$\overset{\frown}{AB}$ に対する円周角だから，

$\overset{\frown}{AB}$ に対する中心角 ∠AOB の半分。

よって，

$$\angle x = \frac{1}{2} \angle AOB$$

$$= \frac{1}{2} \times 80°$$

$$= 40°$$

**合格 テク**

$\angle x = \frac{1}{2} \times 94°$ としない！

$\angle x$ に対応する中心角は**円の中心を頂点とする角**。

## ② 直角三角形の辺の長さを求める問題

▶右の図の直角三角形 ABC の $x$ の値

三平方の定理より，

$$6^2 + 8^2 = x^2 \quad \longleftarrow \text{斜辺は辺 BC}$$

$$36 + 64 = x^2$$

$$x^2 = 100$$

$$x = \pm 10$$

これを答えとしない！

**辺の長さは正の数**

だから，$x = 10$

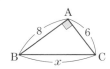

**合格 テク**

**斜辺は直角の向かい側！**

斜めになっているからといって，AB を斜辺としてはダメ。

---

円周角の定理・円の接線の性質

●円周角の定理

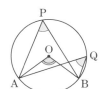

$\angle APB = \frac{1}{2} \angle AOB$

$\angle APB = \angle AQB$

●円の接線の性質

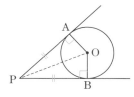

$PA \perp OA$

$PB \perp OB$

$PA = PB$

STEP **1**

# 基本の問題

答え：別冊**18**ページ

**1** 次の図で，∠$x$ の大きさを求めなさい。　3分

(1)

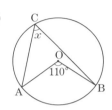

(2)

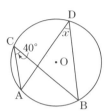

**2** 右の図で，線分 AB は円 O の直径です。∠$x$, ∠$y$ の大きさはそれぞれ何度ですか。　3分

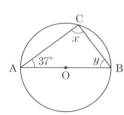

**3** 次の図で，$x$ の値を求めなさい。　5分

(1)　$a /\!/ b /\!/ c$

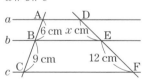

(2)  DE $/\!/$ BC

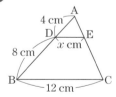

**4** 次の図で，$x$ の値を求めなさい。　5分

(1)

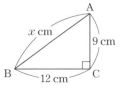

(2)

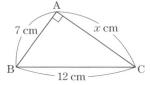

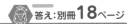

 合格力をつける問題 答え：別冊**18**ページ

**1** 次の図で，∠$x$ の大きさを求めなさい。 ⏱10分

(1)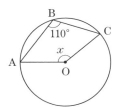

(2)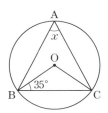

(3)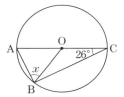

(4)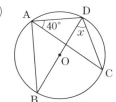

**2** 右の図のように，4点 A，B，C，D が円 O の周上にあります。$\overset{\frown}{AB}:\overset{\frown}{CD}=3:1$，∠ACB=63°のとき，∠$x$ の大きさは何度ですか。 ⏱3分

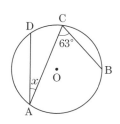

**3** 次の図で，$x$，$y$ の値をそれぞれ求めなさい。 ⏱10分

(1) $\ell /\!/ m /\!/ n$

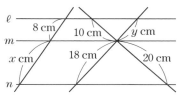

(2) DE$/\!/$BC

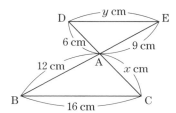

page**38**

**4** 右の図のように，円Oは△ABCの3辺AB，BC，CAに接しています。点D，E，Fは接点です。線分AF，BCの長さはそれぞれ何cmですか。 ⏱ 5分

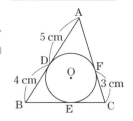

**5** 次の図で，$x$ の値を求めなさい。 ⏱ 10分

(1)

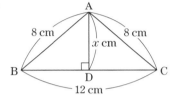

(2)

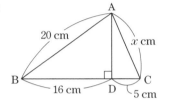

S T E P **3** ゆとりで合格の問題 🎓 答え:別冊**19**ページ

**1** 次の問いに答えなさい。 ⏱ 10分

(1) 右の図で，直線ATは円Oの接線，点Aは接点です。∠$x$ の大きさは何度ですか。

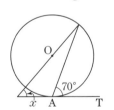

(2) 右の図のように，半径がそれぞれ9cm，4cmの円O，O′が接し，これらに点A，Bで接する共通な接線ABがあります。このとき，線分ABの長さは何cmですか。

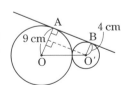

# ⑧ データの活用

## 重要解法 チェック！

### ① さいころの目の出方の確率

▶大小2個のさいころを同時に振るとき，出る目の数の和が7になる確率

さいころの目の出方と出た目の数の和を表にまとめると，右の表のようになる。

2個のさいころの目の出方は全部で，

$$6 \times 6 = 36（通り）$$

| 大＼小 | 1 | 2 | 3 | 4 | 5 | 6 |
|---|---|---|---|---|---|---|
| 1 | 2 | 3 | 4 | 5 | 6 | 7 |
| 2 | 3 | 4 | 5 | 6 | 7 | 8 |
| 3 | 4 | 5 | 6 | 7 | 8 | 9 |
| 4 | 5 | 6 | 7 | 8 | 9 | 10 |
| 5 | 6 | 7 | 8 | 9 | 10 | 11 |
| 6 | 7 | 8 | 9 | 10 | 11 | 12 |

**合格 テク**

表を作って数える！
左のような表に表すと，場合の数をもれなく重複なく数え上げることができる。

和が7になるのは，上の表の ▨ の場合の6通り。

よって，求める確率は，$\dfrac{6}{36} = \dfrac{1}{6}$

### ② 硬貨の表裏の出方の場合の数

▶10円硬貨を2回投げるときの表・裏の出方

表が出たときを○，裏が出たときを×として樹形図をかくと，右のようになる。

これより，表・裏の出方は，全部で**4通り**。

**合格 テク**

表・裏の出方を3通りとしない！
（表，裏），（裏，表）は，区別して考えること。

**参考** 1回めは表・裏の2通り。2回めは，それぞれに対して表・裏の2通りあるから，**2×2＝4（通り）**と計算で求めることもできる。

### データの範囲の求め方

例 下のデータについて，範囲を求めなさい。

$$2,\ 3,\ 4,\ 4,\ 5,\ 5,\ 5,\ 6,\ 7,\ 7,\ 8,\ 9$$

最小値 ↑ ……… ↑ 最大値

**範囲 ＝ 最大値 － 最小値**だから，$9 - 2 = 7$

確率の問題では，さいころの目の出方に関する問題が頻出！

# STEP 1 基本の問題

答え：別冊**20**ページ

1  1個のさいころを1回振るとき，次の確率を求めなさい。 🕐 5分

(1) 1の目が出る確率

(2) 偶数の目が出る確率

(3) 3の倍数の目が出る確率

(4) 6の約数の目が出る確率

2 2枚の硬貨を同時に投げるとき，次の確率を求めなさい。 🕐 5分

(1) 2枚とも表が出る確率

(2) 1枚は表で，1枚は裏が出る確率

3 右の度数分布表について，次の問いに答えなさい。

🕐 5分

(1) 階級の幅は何分ですか。

(2) 15分以上20分未満の階級の度数は何人ですか。

(3) 20分以上25分未満の階級の階級値は何分ですか。

**3年生の通学時間**

| 階級（分） | 度数（人） |
|---|---|
| 以上　未満<br>5 〜 10 | 7 |
| 10 〜 15 | 26 |
| 15 〜 20 | 45 |
| 20 〜 25 | 30 |
| 25 〜 30 | 12 |
| 計 | 120 |

4 ある工場で1日に生産する缶詰75000個の中から，毎日100個を無作為に取り出して，品質検査をしています。この標本調査について，次の問いに答えなさい。 🕐 5分

(1) 母集団と標本を答えなさい。

(2) 標本の大きさを答えなさい。

# 合格力をつける問題　答え：別冊20ページ

**1** 次の問いに答えなさい。　🕐 10分

(1) A，B，C，Dの4人から3人を選ぶとき，選び方は全部で何通りありますか。

(2) ⓜ0，1，2，3の4枚のカードがあります。この中から2枚選び，横に並べて2けたの整数をつくります。2けたの整数は全部で何個できますか。

(3) A，B，C，D，Eの5つのサッカーチームがあります。どのチームもほかのすべてのチームと1回ずつ対戦するとき，試合数は全部で何試合になりますか。

**2** ジョーカーを除く52枚のカードから1枚のカードをひくとき，次の確率を求めなさい。　🕐 5分

(1) ひいたカードがスペードである確率

(2) ひいたカードがエースである確率

(3) ひいたカードが絵札である確率

**3** 大小2個のさいころを同時に振るとき，次の確率を求めなさい。　🕐 10分

(1) 出る目の数が同じになる確率

(2) 出る目の数が両方とも奇数になる確率

(3) 出る目の数の和が5になる確率

(4) 出る目の数の和が3以下になる確率

(5) 出る目の数の和が9以上になる確率

**4** 3枚の硬貨を同時に投げるとき，次の確率を求めなさい。 🕐 5分

(1) 3枚とも裏が出る確率

(2) 少なくとも1枚は表が出る確率

「少なくとも1枚は表が出る確率」は，(1)で求めた確率を利用して求められるよ。

**5** 袋の中に，赤球が2個，白球が3個入っています。この中から，同時に2個の球を取り出すとき，次の確率を求めなさい。 🕐 5分

(1)  2個とも白球である確率

(2) 1個が赤球で，1個が白球である確率

**6** 1，2，3，4の4枚のカードがあります。この中から2枚取り出して，横に並べて2けたの整数をつくります。このとき，次の確率を求めなさい。 🕐 5分

(1) 2けたの整数が偶数になる確率

(2) 2けたの整数が6の倍数になる確率

**7** 下のデータは，13人の生徒の計算テスト(20点満点)の点数です。次の問いに答えなさい。 🕐 10分

　　5, 7, 8, 10, 11, 11, 13, 14, 14, 14, 15, 16, 18

(1) 範囲を求めなさい。

(2) 四分位数をそれぞれ求めなさい。

(3) 四分位範囲を求めなさい。

**8** 右の表は，40 人のクラスから生徒 10 人を無作為に選び，体重を調べたものです。この標本をもとにして，クラス全体の体重の平均値を推定し，小数第 1 位を四捨五入して，整数で答えなさい。 🕐 5分

| 49 | 48 | 54 |
|----|----|----|
| 52 | 60 | 41 |
| 51 | 57 | 55 |
| 46 |    | (kg) |

**9** 箱の中に，白球と赤球が入っています。これをよくかき混ぜてから，ひとつかみ取り出して白球と赤球の個数を調べたところ，白球が 10 個，赤球は 35 個でした。次の問いに答えなさい。 🕐 5分

(1) 全体の球に対する白球の割合を推定して，分数で答えなさい。

(2) 箱の中に，全部で 750 個の球が入っています。白球の個数を推定し，十の位までの概数で答えなさい。

母集団の白球の割合は，標本での白球の割合と同じと考えていいよ。

STEP **3** ゆとりで合格の問題 🐑 答え：別冊**23**ページ

**1** A，B の 2 個のさいころを同時に振り，A のさいころの出た目の数を $a$，B のさいころの出た目の数を $b$ とするとき，次の確率を求めなさい。 🕐 10分

(1) $a-b=3$ になる確率

(2) $\dfrac{b}{a}$ が整数になる確率

(3) $ab$ が 5 の倍数になる確率

(4) $\sqrt{ab}$ が整数になる確率

**ヒント** (4) $ab$ が平方数(1, 4, 9, 16, 25, 36)のいずれかになればよい。

# 数理技能検定［❷次］【対策編】

電卓が使用できます

# 数や式の問題

## ★基本の確認

| 『これだけは』チェック! | **数の性質の基本事項** |
|---|---|
| ①絶対値 | 数直線上で，**ある数に対応する点と原点(0 が対応する点) との距離を**，その数の絶対値という。<br>例 $+3$ の絶対値 $\Rightarrow 3$   $-4$ の絶対値 $\Rightarrow 4$ |
| ②素数と 素因数分解 | 1 とその数自身のほかに約数がない自然数を素数という。<br>**自然数を素因数の積で表すこと**を素因数分解するという。<br>例 60 の素因数分解 $\Rightarrow 60 = 2^2 \times 3 \times 5$ |
| ③平方根の 大小 | $a$, $b$ が正の数のとき，<br>$a < b$ ならば，$\sqrt{a} < \sqrt{b}$ ，$-\sqrt{a} > -\sqrt{b}$<br>例 $\sqrt{13}$ と $\sqrt{17}$ の大小<br>   $13 < 17$ だから，$\sqrt{13} < \sqrt{17}$<br>例 $-\sqrt{26}$ と $-\sqrt{29}$ の大小<br>   $26 < 29$ だから，$-\sqrt{26} > -\sqrt{29}$ |

▶次の □□□ にあてはまるものを入れなさい。　（解答は右下）

## ① 絶対値

① 絶対値が 8 になる数のうち，正の数は □(1)□ ，負の数は □(2)□

② 絶対値が 0 になる数は □□□

③ 絶対値が 3 より小さい整数は全部で □□□ 個ある。

## ② 正負の数の利用

右の表は，A，B，C の 3 人のテストの点数が，クラスの点数の平均 70 点よりどれだけ高いかを表したものである。表の空らんにあてはまる正負の数を答えなさい。

| | | A | B | C |
|---|---|---|---|---|
| 点数(点) | | 65 | 80 | 57 |
| 平均との差(点) | | (1) | (2) | (3) |

POINT ココがポイント 数の性質や特徴を理解しておこう。
そうしないと，応用がきかないよ。

学習日

月　日

❷
次

数理技能

### ❸ 素数と素因数分解

① 1けたの素数は，小さいほうから順に ▢(1)▢, ▢(2)▢, ▢(3)▢, ▢(4)▢ の4つある。

② 42 を素因数分解すると，▢▢▢▢

③ 180 を素因数分解すると，▢▢▢▢

### ❹ 平方根の大小

① $\sqrt{23}$ と $\sqrt{21}$ の大小を，不等号を使って表すと，$\sqrt{23}$ ▢▢ $\sqrt{21}$

② $\sqrt{15}$ と 4 の大小を，不等号を使って表すと，$\sqrt{15}$ ▢▢ 4

③ $-\sqrt{37}$ と $-\sqrt{35}$ の大小を，不等号を使って表すと，$-\sqrt{37}$ ▢▢ $-\sqrt{35}$

④ $-\sqrt{47}$ と $-7$ の大小を，不等号を使って表すと，$-\sqrt{47}$ ▢▢ $-7$

### ❺ 式の値

① $x=3$ のとき，$2x-9$ の値を求めると，
$2\times$ ▢(1)▢ $-9=$ ▢(2)▢ $-9=$ ▢(3)▢

② $x=-5$ のとき，$3x+7$ の値を求めると，
$3\times($ ▢(1)▢ $)+7=$ ▢(2)▢ $+7=$ ▢(3)▢

③ $x=-2$ のとき，$-5x^2+6$ の値を求めると，
$-5\times($ ▢(1)▢ $)^2+6=-5\times$ ▢(2)▢ $+6=$ ▢(3)▢ $+6=$ ▢(4)▢

基本の確認  解答

❶①(1) 8　(2) $-8$　②0　③5　　❷(1) $-5$　(2) $+10$　(3) $-13$　　❸①(1) 2
(2) 3　(3) 5　(4) 7　②$2\times3\times7$　③$2^2\times3^2\times5$　　❹①＞　②＜　③＜　④＞
❺①(1) 3　(2) 6　(3) $-3$　②(1) $-5$　(2) $-15$　(3) $-8$　③(1) $-2$　(2) 4
(3) $-20$　(4) $-14$

# ★実戦解法テクニック

## 例題❶ 平方根と整数→（　）²の形をつくり出せ！

$\sqrt{24a}$ が整数となるような正の整数 $a$ のうち，最小の数を求めなさい。

**解法**　まず，24 を素因数分解すると，

$24 = 2^3 \times 3$

$\sqrt{24a}$ が整数になるには，$24a$ が
（　）² の形で表されればよい。

したがって，$a = 2 \times 3$ とすれば，

$24a = (2^3 \times 3) \times (2 \times 3) = 2^4 \times 3^2 = (2^2 \times 3)^2$

となり，$\sqrt{24a} = \sqrt{(2^2 \times 3)^2} = 2^2 \times 3 = 12$

よって，$a = 2 \times 3 = 6$ ◀答

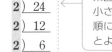

素因数分解は，小さい素数から順にわっていくとよい。

この形をつくろう。

## 例題❷ 余りが等しくなる整数→公倍数に着目！

9 でわっても 12 でわっても余りが 5 になる 2 けたの最小の正の整数を求めなさい。

**解法**　9 でわったときの商を $a$，12 でわったときの商を $b$，求める最小の整数を $x$ とすると，

$x = 9a + 5$，$x = 12b + 5$　と表せる。よって，

$x - 5$ は 9 でも 12 でもわりきれる。

9 と 12 の最小公倍数は 36 だから，$x - 5 = 36$，$x = 41$ ◀答

**確認・商と余りの関係**

**わられる数 ＝わる数×商＋余り**

の関係が成り立つ。

## 例題❸ 平均の求め方→（平均）＝（基準量）＋（基準量との差の平均）

右の表は，A，B，C，D，E の 5 人の体重を 50 kg を基準として，

|  | A | B | C | D | E |
|---|---|---|---|---|---|
| 基準との差(kg) | +2 | −1 | −7 | +5 | −4 |

それより重い場合はその差を正の数で，軽い場合はその差を負の数で表したものです。5 人の体重の平均は何 kg ですか。

**解法**　基準との差の平均は，

$\{(+2) + (-1) + (-7) + (+5) + (-4)\} \div 5 = (-5) \div 5 = -1$

したがって，5 人の体重の平均は，基準の 50 kg より 1 kg 軽いから，

$50 + (-1) = 49$ (kg) ◀答

# 基本の問題

答え：別冊**23**ページ

**1** 　下の表は，A, B, C, D, E の 5 人の数学のテストの点数を，A の点数を基準として，A より高い場合はその差を正の数で，低い場合はその差を負の数で表したものです。A の点数が 60 点のとき，次の問いに答えなさい。　⏱ 5分

| | A | B | C | D | E |
|---|---|---|---|---|---|
| 基準との差(点) | 0 | +4 | −5 | −3 | +9 |

(1)　C の点数は何点ですか。

(2)　B の点数は D の点数より何点高いですか。

(3) 🔴mis　5 人の点数の平均は何点ですか。

**2** 　次の問いに答えなさい。　⏱ 5分

(1)　1296 の平方根を求めなさい。

(2)　504 にできるだけ小さい自然数をかけて，ある自然数の 2 乗になるようにします。かける自然数を求めなさい。

**3** 　次の問いに答えなさい。　

(1)　3 つの数 4, $\sqrt{15}$, $\dfrac{6}{\sqrt{3}}$ の大小を，不等号を使って表しなさい。

(2)　$3<\sqrt{a}<4$ の不等式が成り立つような自然数 $a$ は何個ありますか。

**4** 　2 地点間の距離を測定し，10 m 未満を四捨五入して，測定値 2500 m を得ました。次の問いに答えなさい。　

(1)　有効数字を答えなさい。

(2)　真の値を $a$ m とするとき，$a$ の値の範囲を不等号を使って表しなさい。

(3)　誤差の絶対値は何 m 以下になりますか。

**1** 　下の表は，東京を基準とした 1 月の各都市の時差を示したものです。たとえば，東京とニューヨークとの時差は $-14$ 時間で，ニューヨークの時刻は東京の時刻から 14 時間をひいた時刻になります。これについて，次の問いに答えなさい。 ⏱5分

| 都市 | ロンドン | カイロ | シドニー | ニューヨーク | リオデジャネイロ |
|---|---|---|---|---|---|
| 時差(時間) | $-9$ | $-7$ | $+2$ | $-14$ | $-11$ |

(1)　東京が 18 時のとき，ロンドンは何時ですか。

(2)　カイロが 18 時のとき，ニューヨークは何時ですか。

(3)　シドニーとリオデジャネイロの時差は何時間ですか。正の数で答えなさい。

**2** 　右の図は，縦が $a$ cm，横が $b$ cm の長方形から，1 辺が 3 cm の正方形を切り取った図形です。これについて，次の問いに答えなさい。 ⏱5分

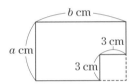

(1)　この図形の面積は何 cm$^2$ ですか。$a$，$b$ を用いて表しなさい。

(2)　この図形の周りの長さは何 cm ですか。$a$，$b$ を用いて表しなさい。

**3** 　次の問いに答えなさい。 ⏱10分

(1)　$\sqrt{108a}$ が自然数になるような整数 $a$ のうち，もっとも小さい数を求めなさい。

(2)　$\sqrt{\dfrac{350}{n}}$ が自然数になるような整数 $n$ のうち，もっとも小さい数を求めなさい。

(3)　$\dfrac{5}{2} < \sqrt{a} < \dfrac{10}{3}$ の不等式が成り立つような自然数 $a$ は何個ありますか。

(4)　$\dfrac{4}{5}$，$\sqrt{\dfrac{14}{25}}$，$\dfrac{3\sqrt{2}}{5}$ のうち，もっとも大きい数を答えなさい。

**4** 次の問いに答えなさい。

(1) 15 でわっても 18 でわっても余りが 10 になる 3 けたの自然数のうち，もっとも小さい数を求めなさい。

(2) $a$，$b$ は整数で，$-1 \leqq a \leqq 2$，$-3 \leqq b \leqq 0$ のとき，$a - b$ がとることができる値のうち，もっとも大きい値を求めなさい。

**5** 次の問いに答えなさい。

(1) $a = 5$，$b = -2$ のとき，$-7a^2 b^3$ の値を求めなさい。

(2) $x = 3$，$y = -5$ のとき，$y^2 - 3xy$ の値を求めなさい。

**6** 次のような測定値を得たとき，真の値 $a$ はどのような範囲にありますか。$a$ の値の範囲を不等号を使って表しなさい。

(1) 49 m

(2) 6.0 kg

**7** $\sqrt{3} = 1.732$，$\sqrt{30} = 5.477$ として，次の数の近似値を求めなさい。

(1) $\sqrt{300}$

(2) $\sqrt{3000}$

(3) $\sqrt{0.03}$

(4) $\sqrt{0.003}$

# ゆとりで合格の問題

答え:別冊26ページ

**1** $x = \sqrt{7} + \sqrt{3}$，$y = \sqrt{7} - \sqrt{3}$ のとき，次の式の値を求めなさい。

(1) $x^2 + y^2$

(2) $x^3 y + x y^3$

# 2 方程式の問題

## ★基本の確認

| 『これだけは』**チェック！** 基本的な数量の関係，数の表し方 |

| ①代金の関係 | **代金＝単価×個数** |
|---|---|
| ②速さの関係 | **道のり＝速さ×時間**<br>（速さ＝道のり÷時間，時間＝道のり÷速さ） |
| ③平均の関係 | **平均＝データの合計÷データの個数** |
| ④濃度の関係 | **食塩の重さ＝食塩水の重さ×濃度**<br><br>**確認▶** 割合の表し方 ➡ $a\% = \dfrac{a}{100}$ または，$0.01a$ |
| ⑤数の表し方 | 十の位の数が $a$，一の位の数が $b$ の2けたの自然数<br>➡ $10a+b$   注意 $ab$ や $a+b$ としないこと。 |

▶次の ☐ にあてはまるものを入れなさい。 （解答は右下）

## ❶基本的な数量の関係

① 1本 $a$ 円の鉛筆を10本買ったときの代金は， (1) (円)である。また，この鉛筆を3本買って，1000円出したときのおつりは， (2) (円)である。

② 時速 4 km の速さで $x$ 時間歩いたときの道のりは， ☐ (km)である。

③ A駅を8時に出発した列車が，8時30分にA駅から $y$ km 離れたB駅に到着した。この列車の AB 間の平均速度は，毎時 ☐ (km)である。

④ A，B，Cの3人の数学のテストの点数はそれぞれ，80点，60点，$x$ 点であった。3人の点数の平均は，$\dfrac{80+\boxed{(1)}+x}{\boxed{(2)}}$ (点)である。

⑤ 5％の食塩水 $x$ g にふくまれる食塩の重さは， ☐ (g)である。

複雑な文章題も，基本は数量の関係をしっかりつかむことなんだよ。

## ②数の表し方

① $n$ を整数として，偶数は　(1)　，奇数は $2n+$　(2)　と表すことができる。

② 十の位の数が $a$，一の位の数が 8 である 2 けたの自然数は，　　　と表すことができる。

③ ある数 $x$ の 2 乗から 5 をひいた数は，　　　と表すことができる。

## ③方程式の利用

① 1 本 80 円の鉛筆 $x$ 本と，100 円の消しゴムを 1 個買ったら，代金の合計は 580 円であった。買った鉛筆は何本か。

代金の関係から，　(1)　＝580 が成り立つ。

これを解いて，$x=$　(2)

よって，鉛筆の本数は　(3)　本。

② 横の長さが縦の長さより 2 cm 長く，面積が 48 cm² の長方形がある。この長方形の縦の長さは何 cm か。

縦の長さを $x$ cm とすると，横の長さは $x+2$(cm) と表されるから，

$$　(1)　=48$$
$$x^2+2x-48=0$$
$$(x+　(2)　)(x-　(3)　)=0$$
$$x=-8,\ x=　(4)$$

辺の長さは正の数だから，縦の長さは　(5)　cm

（図：縦 $x$ cm，横 $(x+2)$ cm，面積 48 cm² の長方形）

❶①(1) 10a　(2) 1000−3a　②4x　③2y　[コーチ 単位を時間にそろえる。]
④(1) 60　(2) 3　⑤$\frac{x}{20}$　❷①(1) 2n　(2) 1　②10a+8　③$x^2-5$
❸①(1) 80x+100　(2) 6　(3) 6　②(1) x(x+2)　(2) 8　(3) 6　(4) 6　(5) 6

# ★実戦解法テクニック

## 例題① 速さの関係→バス停方式でラクラク立式！

時速 4 km の速さで，8 km の道のりを歩くのにかかる時間を求めなさい。

**解法**　バス停方式で，**求めたいもの(時間)をおさえる。**

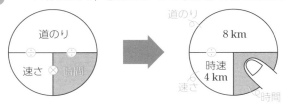

（求める時間）
$=8÷4=2$（時間）◀️ 答

＊代金，濃度の関係などにも同じように活用することができる。

**参考** バス停方式とは……

道のり＝速さ×時間のような○＝□×△の形になる数量の関係で，○，□，△を右の図の位置にかく。求めたいものをかくすと式が現れるという方式。いろいろ活用してみよう。

**バス停方式**

○＝□×△
□＝○÷△
△＝○÷□

## 例題② 文章題の最後のツメ→解の検討を忘れるな！

2 つの自然数があり，その差は 7 で，積は 60 です。2 つの自然数を求めなさい。

**解法**　小さいほうの自然数を $x$ とすると，大きいほうの自然数は $x+7$

**2 数の積が 60 だから，** $x(x+7)=60,$ $x^2+7x-60=0,$
$(x+12)(x-5)=0$　これより，$x=-12,$ $x=5$

ここで，**$x$ は自然数だから，** $x=-12$ は不適！
よって，$x=5$　求める 2 数は，**5，12** ◀️ 答
　　　　　　　　　　　　　　　　↑5+7

ここから，解の検討に入ろう。

**確認** 解の検討の基本

❶解が負の数のとき
➡ 長さ，重さ，速さなどを求める問題では，答えは 0 以上の数になるから，解は答えとして適さない。

❷解が小数や分数のとき
➡ 個数，人数，金額などを求める問題では，答えは 0 以上の整数になるから，解は答えとして適さない。

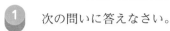 **基本の問題**

答え:別冊 **26**ページ

**1** 次の問いに答えなさい。 ⏱10分

(1) ある数 $x$ を3倍して8をたすと $-7$ になります。ある数 $x$ を求めなさい。

(2) 2つの自然数 $x$, $y$ があります。その和が9で，差が5のとき，この2つの自然数を求めなさい。ただし，$x>y$ とします。

(3) ある数 $x$ の2乗から $x$ の2倍をひいた数は8になります。ある数 $x$ を求めなさい。

❷ 次 数理技能

**2** ゆみこさんはおはじきを58個，妹は17個持っています。ゆみこさんは妹におはじきを何個かあげて，ゆみこさんのおはじきの数が，妹のおはじきの数の2倍になるようにします。このとき，次の問いに答えなさい。 ⏱10分

(1) ゆみこさんが妹にあげるおはじきの数を $x$ 個とします。$x$ の値を求めるための1次方程式をつくるとき，下の式の右辺の [ ] にあてはまる式を答えなさい。

$58-x=[\qquad\qquad]$

(2) ゆみこさんは妹におはじきを何個あげればよいですか。

**3** 大小2種類のおもりがあります。大きいおもり2個と小さいおもり1個をはかりにのせて重さをはかったら450gでした。また，大きいおもり1個と小さいおもり3個をはかりにのせて重さをはかったら350gでした。このとき，次の問いに答えなさい。 ⏱10分

(1) 大きいおもり1個の重さを $x$ g，小さいおもり1個の重さを $y$ g とするとき，$x$, $y$ を求めるための連立方程式をつくりなさい。

(2) 大きいおもり1個の重さと，小さいおもり1個の重さはそれぞれ何gですか。

# 合格力をつける問題

答え：別冊**26**ページ

**1** 　ゆうこさんのクラスでクラス会をするのに，1人400円ずつ集めると経費が2000円不足し，1人500円ずつ集めると1000円余ります。このとき，次の問いに答えなさい。　⏰10分

(1) 　ゆうこさんのクラスの生徒数を $x$ 人として，方程式をつくりなさい。

(2) 　ゆうこさんのクラスの生徒数とクラス会の経費を求めなさい。

**2** 　たかしさんは，家から1200m離れた公園へ行くのに，はじめは分速70mで歩き，途中から分速120mで走ったところ，家を出発してから公園に着くまでに15分かかりました。このとき，次の問いに答えなさい。　⏰10分

(1) 　たかしさんが歩いた時間を $x$ 分として，方程式をつくりなさい。

(2) 　たかしさんが歩いた時間は何分ですか。

**3** 　のぞみさんは数学と国語の期末テストの結果を友だちに聞かれ，次のように答えました。「数学の点数は国語の点数より16点高く，国語の点数は数学の点数の $\frac{4}{5}$ 倍です。」数学の点数を $x$ 点，国語の点数を $y$ 点とするとき，次の問いに答えなさい。　⏰10分

(1) 　$x$，$y$ を求めるための連立方程式をつくりなさい。

(2) 　のぞみさんの数学と国語の点数はそれぞれ何点ですか。

**4** 　ある動物園の入園料は，おとな1人500円，子ども1人300円です。そして，団体割引を利用すると，おとなも子どもも2割引きになります。おとなと子ども合わせて20人が，団体割引を利用して入園したところ，入園料は全部で5600円になりました。このとき，次の問いに答えなさい。　⏰10分

(1) 　おとなを $x$ 人，子どもを $y$ 人として，連立方程式をつくりなさい。

(2) 　おとなと子どもの人数はそれぞれ何人ですか。

**5** 連続する3つの整数があります。もっとも大きい整数の2乗からもっとも小さい整数の2乗をひいた差は，まん中の整数の4倍になります。まん中の整数を $n$ として，このことを証明しなさい。 🕐 5分

**6**  右の図のような縦が4 cm，横が6 cmである長方形 ABCD の辺 AB 上に点 P を，辺 BC 上に点 Q を AP＝BQ＝$x$ cm となるようにとります。このとき，次の問いに答えなさい。 🕐 10分

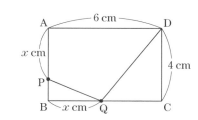

(1) 四角形 APQD の面積は何 cm² ですか。$x$ を用いて表しなさい。

(2) 四角形 APQD の面積が18 cm² であるとき，線分 AP（＝BQ）の長さは何 cm ですか。この問題は，計算の途中の式と答えを書きなさい。

**7** 次の問いに答えなさい。 🕐 5分

(1) $x$ についての方程式 $ax+2=5x-8$ の解が5のとき，$a$ の値を求めなさい。

(2) $x$ についての2次方程式 $x^2-5x+a=0$ の1つの解が3のとき，$a$ の値を求めなさい。

**STEP 3 ゆとりで合格の問題**  答え:別冊**28**ページ

**1** 濃度が6％の食塩水 $x$ g と14％の食塩水 $y$ g を混ぜて，9％の食塩水を400 g 作ります。このとき，次の問いに答えなさい。 🕐 10分

(1) $x$，$y$ を求めるための連立方程式をつくりなさい。

(2) 6％の食塩水と14％の食塩水をそれぞれ何 g 混ぜればよいですか。

# 3 関数の問題

## ★基本の確認

---

『これだけは』**チェック!** **関数 $y=ax^2$ の徹底分析!**

| ①グラフの特徴 | 原点を**頂点**とし，$y$ 軸を**軸**とする放物線。 |
|---|---|
| ②比例定数とグラフ | $a>0$ のとき，**上に開く**。<br>$a<0$ のとき，**下に開く**。<br>＊ $a$ の絶対値が大きいほど開き方は小さい。 |
| ③変化の割合 | 変化の割合 $= \dfrac{y の増加量}{x の増加量}$<br>＊関数 $y=ax^2$ の変化の割合は一定ではない！ |

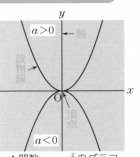

▲関数 $y=ax^2$ のグラフ

▶次の ☐ にあてはまるものを入れなさい。 （解答は右下）

### ❶比例，反比例と座標

① 次の㋐～㋑の関数のうち，$y$ が $x$ に比例するものは ☐ (1) ☐，$y$ が $x$ に反比例するものは ☐ (2) ☐ である。

> ㋐ $y=-\dfrac{2}{x}$　　㋑ $y=3x$　　㋒ $xy=12$　　㋑ $y=-\dfrac{1}{2}x$

② 座標が $(2, 3)$ である点と，
  (1) $x$ 軸について対称な点の座標は， ☐
  (2) $y$ 軸について対称な点の座標は， ☐
  (3) 原点について対称な点の座標は， ☐

③ 右の図で，$\ell$，$m$ のグラフの式を求めると，
  $\ell$ の式… ☐ (1) ☐
  $m$ の式… ☐ (2) ☐

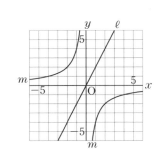

## ②直線の式とグラフ

① 次の⑦〜⑰の関数のうち，グラフが直線 $y=-2x+3$ のグラフと平行になる
　ものは，□□□□である。

> ⑦ $y=3+2x$ 　　⑦ $2y-x-3=0$ 　　⑰ $y=1-2x$

② 右の図で，直線 $\ell$，$m$，$n$ の式を求めると，
　　$\ell$ の式… □(1)□
　　$m$ の式… □(2)□
　　$n$ の式… □(3)□

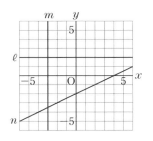

## ③2乗に比例する関数

① 右の図で，$\ell$ は関数 $y=-x^2$ のグラフである。
　⑦〜⑰のうち，関数 $y=-\dfrac{1}{4}x^2$ のグラフは，□□□□
　である。

② 関数 $y=2x^2$ において，$x$ の値が 2 から 4 まで増
　加するときの変化の割合は，□□□□である。

③ 関数 $y=x^2$ において，$x$ の変域が $-1\leqq x\leqq3$ のときの $y$ の変域は，
　□(1)□$\leqq y\leqq$□(2)□である。

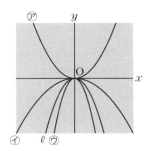

**基本の確認**
**解答**

❶①(1)⑦，⊆　(2)⑦，⑰　②(1)(2，$-3$)　(2)($-2$，3)　(3)($-2$，$-3$)
③(1) $y=2x$　(2) $y=-\dfrac{4}{x}$　❷①⑰　②(1) $y=2$　(2) $x=-3$　(3) $y=\dfrac{1}{2}x-2$
❸①⑦　②12　③(1)0 [**コーチ** $x$ の変域に 0 をふくむことに注意。]　(2)9

# ★実戦解法テクニック

## 例題❶ 2直線の交点 → 連立方程式の解！

2つの直線 $\ell\cdots y=-x+5$ と $m\cdots y=2x-1$ の交点の座標を求めなさい。

**解法** 2つの直線の式を連立方程式として解く。

$-x+5=2x-1$, $-3x=-6$, $x=2$

$x=2$ を $\ell$ の式に代入して，$y=-2+5=3$

よって，交点の座標は，**(2, 3)** ←答

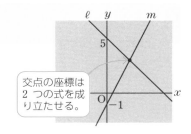

交点の座標は2つの式を成り立たせる。

## 例題❷ 頂点を通り，三角形の面積を2等分する直線 → 通る頂点に向かい合う辺の中点を通る！

右の図で，原点Oを通り △OAB の面積を2等分する直線の式を求めなさい。

**解法** 求める直線は辺ABの中点を通る。辺ABの中点の座標は，$\left(\dfrac{-2+4}{2}, \dfrac{2+4}{2}\right)$ なので，**(1, 3)** 求める直線は，点(0, 0)，(1, 3)を通るから，**$y=3x$** ←答

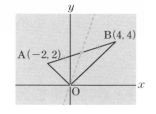

**参考 中点の座標**

2点$(a, b)$，$(c, d)$の中点の座標は，$\left(\dfrac{a+c}{2}, \dfrac{b+d}{2}\right)$

---

**研究 パターン攻略！** 三角形の面積

●パターン1
1辺が軸上

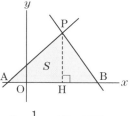

$$S=\frac{1}{2}\times AB\times PH$$

●パターン2
1つの頂点が原点

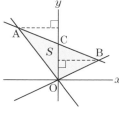

$$S=\triangle OAC+\triangle OBC$$

●パターン3
直接求まらない場合

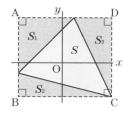

$$S=長方形ABCDの面積$$
$$-S_1-S_2-S_3$$

# 基本の問題

答え：別冊**28**ページ

❷
次
数理技能

**1** 次の問いに答えなさい。 ⏱5分

(1) 下の表は，$y$ が $x$ に比例する関係を表しています。表のア〜オにあてはまる数をそれぞれ求めなさい。

| $x$ | … | $-6$ | $-4$ | $-2$ | $0$ | $2$ | $4$ | $6$ | … |
|---|---|---|---|---|---|---|---|---|---|
| $y$ | … | ア | イ | ウ | $0$ | エ | $16$ | オ | … |

(2) 下の表は，$y$ が $x$ に反比例する関係を表しています。表のア〜オにあてはまる数をそれぞれ求めなさい。

| $x$ | … | $-6$ | $-4$ | $-2$ | $0$ | $2$ | $4$ | $6$ | … |
|---|---|---|---|---|---|---|---|---|---|
| $y$ | … | ア | $6$ | イ | $×$ | ウ | エ | オ | … |

**2** 次の問いに答えなさい。 ⏱10分

(1) 1次関数 $y=ax+2$ のグラフが 2 点 $(1,\ 5)$，$(-3,\ b)$ を通るとき，$a$，$b$ の値をそれぞれ求めなさい。

(2) 方程式 $3x+4y=-12$ のグラフと $x$ 軸，$y$ 軸との交点の座標をそれぞれ求めなさい。

(3) 関数 $y=2x^2$ のグラフ上に点 $(-5,\ a)$ があります。$a$ の値を求めなさい。

**3** ある店では，針金を 1 m あたり 20 円で売っています。この店で針金を買う場合，箱の代金として，さらに 100 円かかります。このとき，次の問いに答えなさい。ただし，消費税は値段にふくまれているので，考える必要はありません。 ⏱10分

(1) 針金を 15 m 買うとき，代金の合計は何円ですか。

(2) 針金を $x$ m を買うときの代金の合計を $y$ 円とするとき，$y$ を $x$ の式で表しなさい。

(3) 代金の合計が 3000 円になるのは，針金を何 m 買うときですか。

# STEP 2 合格力をつける問題 答え：別冊29ページ

**1** りえさんは，A地からB地まで歩いて往復しました。右の図は，このときの出発してからの時間($x$時間)とA地からの距離($y$ km)の関係をグラフに表したものです。次の問いに答えなさい。 ⏱10分

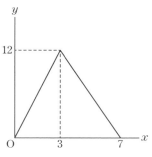

(1) A地からB地へ行くときの，$x$と$y$の関係を式に表しなさい。

(2) B地からA地に帰るときの速さは時速何kmですか。

(3) B地からA地に帰るときの，$x$と$y$の関係を式に表しなさい。

**2** 2直線$y=x$…①，$y=\dfrac{1}{2}x+3$…②について，次の問いに答えなさい。 ⏱10分

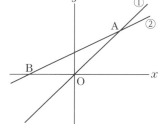

(1) 直線②と$x$軸との交点Bの座標を求めなさい。

(2) 直線①と直線②の交点Aの座標を求めなさい。

(3) △AOBの面積を求めなさい。

**3** 右の図のように，△ABCの辺BC上に点Dがあります。A(4, 8)，B($-4$, 0)，C(6, 0)，D(2, 0)とするとき，次の問いに答えなさい。 ⏱10分

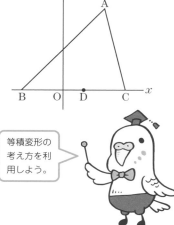

(1) 辺BCの中点Mの座標を求めなさい。

(2) 点Mを通って，線分ADに平行な直線の式を求めなさい。

(3) 点Dを通って，△ABCの面積を2等分する直線の式を求めなさい。

> 等積変形の考え方を利用しよう。

**4** 右の図のように，放物線 $y=ax^2$ 上に 2 点 A$(-2,\ 8)$，B があります。点 B の $x$ 座標が 1 であるとき，次の問いに答えなさい。

⏱10分

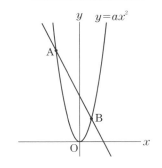

(1) $a$ の値を求めなさい。

(2) 点 B の $y$ 座標を求めなさい。

(3) 直線 AB の式を求めなさい。

**5** 関数 $y=-2x^2$ とそのグラフについて，次の問いに答えなさい。 ⏱10分

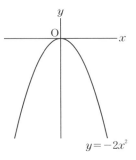

(1) $x$ の変域が $-1\leqq x\leqq 2$ のときの $y$ の変域を求めなさい。

(2) 関数 $y=-2x^2$ のグラフ上に 2 点 A，B をとります。点 A，B の $x$ 座標がそれぞれ $-1$，2 であるとき，直線 AB の式を求めなさい。

(3) (2)のように，2 点 A，B をとり，さらに $y$ 軸上の負の部分に点 C をとります。△ABO と △ACO の面積が等しくなるときの点 C の座標を求めなさい。

## STEP 3 ゆとりで合格の問題 🎓答え：別冊31ページ

**1** 右の図のように，長方形 ABCD があり，2 点 A，B は放物線 $y=\dfrac{1}{3}x^2$ 上に，2 点 C，D は放物線 $y=x^2$ 上にあります。また，辺 AB は $x$ 軸に平行です。点 B の $x$ 座標を $t(t>0)$ とするとき，次の問いに答えなさい。 ⏱10分

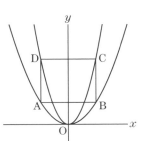

(1) 長方形 ABCD が正方形になるとき，$t$ の値を求めなさい。

(2) (1)の正方形 ABCD の面積を，原点を通る 2 つの直線で 3 等分するとき，傾きが正のほうの直線の式を求めなさい。

# 4 平面図形の問題

## ★基本の確認

「これだけは」チェック！ **角の性質をしっかり押さえよう！**

| ①直線と角 | 対頂角は等しい。<br>平行線の同位角・錯角は<br>等しい。<br>※逆も成り立つ。 | 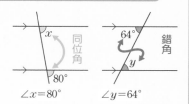 |
|---|---|---|
| ②三角形と角 | 内角の和は $180°$<br>1つの外角は，それとと<br>なり合わない2つの内<br>角の和に等しい。 | 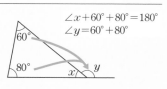 |

▶次の ☐ にあてはまるものを入れなさい。　（解答は右下）

## ❶図形の移動

①　右の図で，△ABC を

(1)　平行移動したものは，☐である。

(2)　回転移動したものは，☐である。

(3)　対称移動したものは，☐である。

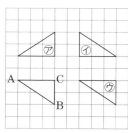

②　右の正六角形で，△ABO を平行移動して重ねら
れる三角形は，☐である。

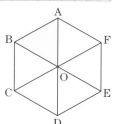

1つとは限らないよ。

**POINT ココがポイント** 図形では，いくつもの性質を組み合わせることが多い。まず基本の確認を。

学習日　　月　日

## ❷角の性質

① 次の各図において，∠$x$=□(1)□°，∠$y$=□(2)□°，∠$z$=□(3)□°

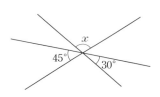

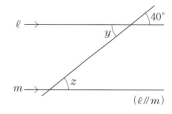

② 次の各図において，∠$x$=□(1)□°，∠$y$=□(2)□°

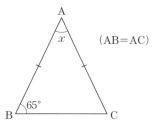

(AB＝AC)

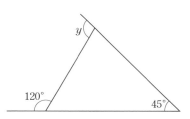

## ❸平行線と線分の比

次の各図において，$x$=□(1)□，$y$=□(2)□

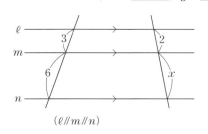

($\ell$∥$m$∥$n$)

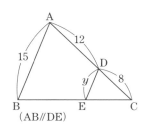

(AB∥DE)

基本の確認 **解答**

❶①(1)ウ　(2)イ　(3)ア　②△OCD と △FOE　❷①(1)105 [**コーチ** 一直線上に角を集める。]　(2)40　(3)40 [**コーチ** ∠$y$ と ∠$z$ は錯角の関係。]
②(1)50 [**コーチ** ∠$x$=180°−65°×2]　(2)105
❸(1)4　(2)6 [**コーチ** $y$：15＝8：(8+12)]

# ★実戦解法テクニック

**例題❶** 高さの等しい三角形の面積の比→**底辺の長さの比に着目！**

右の図の △ABC で,
BD：DE：EC＝3：2：4 のとき,
△ABC：△ADE を求めなさい。

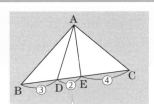

**解法** 高さの等しい三角形の面積の比は,
底辺の長さの比に等しいから,

△ABC：△ADE
＝(3＋2＋4)：2
＝**9：2** ←答

底辺を BC,
DE とみる。

△ABD：△ADE：△AEC
＝3：2：4 だね。

**例題❷** 台形の面積→**高さを三平方の定理で求めよ！**

右の図の台形 ABCD の面積を求めなさい。

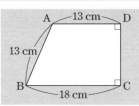

**解法** 点 A から辺 BC に垂線 AH をひく。

図解
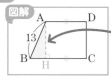

垂線のおかげで
△ABH で三平方
の定理が使える。

HC＝AD＝13 cm だから,
BH＝18－13＝5(cm)，　$AH=\sqrt{AB^2-BH^2}=\sqrt{13^2-5^2}=12$(cm)

したがって，台形 ABCD の面積は，$\frac{1}{2}\times(13+18)\times12=$**186(cm²)** ←答

研究 ══════════════════════════ ▷◁ 重要定理を使いこなそう！ ▷◁

●中点連結定理

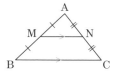

**MN // BC**

**MN**＝$\frac{1}{2}$**BC**

●三角形の角の二等分
　線と比

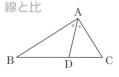

**∠BAD ＝ ∠CAD**
ならば，

**AB：AC＝BD：DC**

●特別な直角三角形の
　3 辺の比

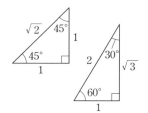

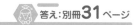

# 基本の問題

答え：別冊**31**ページ

**1** 右の図の正方形 ABCD で，各辺の中点をそれぞれ P, Q, R, S とし，対角線の交点を O とします。次の問いに答えなさい。 ⏰ 5分

(1) △APO を点 O を中心に 180° 回転移動した図形はどれですか。

(2) △APO を対称移動して重ねられる三角形はいくつありますか。

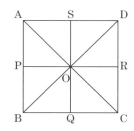

**2** 右の図 1，2 で，$\ell /\!/ m$ のとき，次の問いに答えなさい。 ⏰ 5分

(1) 図 1 のように，点 P が $\ell$，$m$ の内側にあるとき，$c$ を $a$，$b$ を用いた式で表しなさい。

(2) 図 2 のように，点 P が $\ell$ の上側にあるとき，$c$ を $a$，$b$ を用いた式で表しなさい。

（図1）

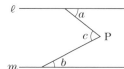

（図2）

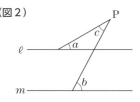

平行線ときたら，同位角，錯角だね。

**3** 右の図のおうぎ形 OAB について，次の問いに答えなさい。ただし，円周率は $\pi$ とします。 ⏰ 5分

(1) $\overset{\frown}{AB}$ の長さを求めなさい。

(2) おうぎ形 OAB の面積を求めなさい。

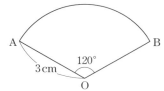

**4** 右の図の台形の面積は何 $cm^2$ ですか。 ⏰ 3分

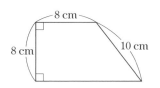

❷
次
数理技能

❹ 平面図形の問題

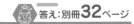
**1** 右の図は，正三角形 ABC の辺 AB，BC，CA の中点をそれぞれ D，E，F としたものです。次の問いに答えなさい。 5分

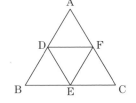

(1) △ADF を回転移動して重ねられる三角形はいくつありますか。

(2) △DBE を点 E を中心に回転移動させて，△FEC に重ねます。何度回転させればよいですか。

**2** 右の図のような，半径が 5 cm，弧の長さが 4π cm のおうぎ形 OAB について，次の問いに答えなさい。ただし，円周率は π とします。 5分

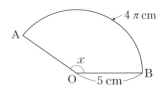

(1) 中心角 ∠x の大きさは何度ですか。

(2) おうぎ形 OAB の面積は何 cm² ですか。

**3** 右の図のように，△ABC の辺 AC を 3 等分する点を D，E とし，B と E を線分で結びます。次に DF∥EB となるように，辺 AB 上に点 F をとります。AB＝14 cm，DF＝5 cm とするとき，次の問いに答えなさい。 5分

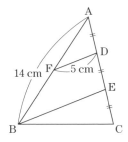

(1) 線分 AF の長さは何 cm ですか。

(2) 線分 BE の長さは何 cm ですか。

**4** 右の図のような，AD∥BC の台形 ABCD があります。対角線 AC と DB の交点を O とします。AD＝6 cm，BC＝12 cm，DC＝8 cm であるとき，次の問いに答えなさい。 5分

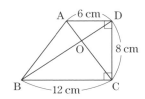

(1) △DOC の面積は何 cm² ですか。

(2) △AOD と △COB の面積の比を，もっとも簡単な整数の比で表しなさい。

⑤ 右の図のような，∠BAC＝90°，AB＝6 cm，AC＝3 cm である直角三角形 ABC があります。∠BAC の二等分線と辺 BC との交点を D とするとき，次の問いに答えなさい。 🕙10分

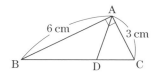

(1) BD：DC をもっとも簡単な整数の比で表しなさい。

(2) 線分 BD の長さは何 cm ですか。

(3) △ABD の面積は何 cm² ですか。

⑥ 右の図のような，∠BAC＝60°，∠ABC＝30°，∠ACB＝90°，AB＝12 cm である直角三角形 ABC があります。辺 AC，BC の中点をそれぞれ D，E とし，線分 AE と BD との交点を P とするとき，次の問いに答えなさい。 🕙10分

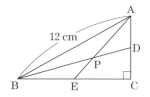

(1) 辺 AC の長さは何 cm ですか。

(2) 辺 BC の長さは何 cm ですか。

(3) 線分 BP の長さは何 cm ですか。

STEP 3 ゆとりで合格の問題 答え：別冊33ページ

① 右の図のように，∠A＝90° の直角三角形 ABC の内部に円 O が接しています。辺 AB，BC，CA と円 O との接点をそれぞれ D，E，F とします。AF＝5 cm，FC＝12 cm であるとき，次の問いに答えなさい。 🕙10分

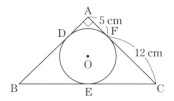

(1) 円 O の半径は何 cm ですか。

(2) 点 O と点 C を線分で結ぶとき，線分 OC の長さは何 cm ですか。

(3) 辺 BC の長さは何 cm ですか。

#  5 作図, 証明の問題

## ★基本の確認

> 『これだけは』**チェック!** 基本の作図は3つ!

| ①垂直二等分線の作図 | ②角の二等分線の作図 | ③垂線の作図 |
|---|---|---|
| 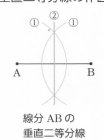 線分 AB の 垂直二等分線 | 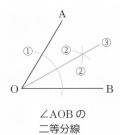 ∠AOB の 二等分線 |  P を通る ℓ の垂線 |

▶次の [　　　] にあてはまるものを入れなさい。　（解答は右下）

## ❶作図のしかた

### (1)線分 AB の垂直二等分線の作図

① 点 A, B を中心として, 等しい [　　　] の円をかく。

② 2つの円の [　　　] を C, D として, 直線 CD をかく。

### (2)∠AOB の二等分線の作図

① 点 [　　　] を中心として円をかき, OA, OB との交点を C, D とする。

② 点 C, D を中心として等しい半径の円をかき, その交点 を [　　　] とする。

③ 半直線 [　　　] をひく。

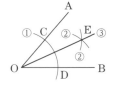

### (3)点 P を通る ℓ の垂線の作図

① 点 [　　　] を中心として円をかき, ℓ との交点を A, B とする。

② 点 A, [　　　] を中心として等しい半径の円をかき, そ の交点を C とする。

③ 直線 [　　　] をひく。

POINT ココがポイント
三角形の合同条件は必須。しっかり暗記して，利用できるように！

## ❷三角形の合同

右の図で，AB∥CD，OA＝OD です。このとき，△AOB と △DOC が合同であることを証明しなさい。

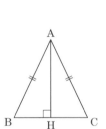

（証明）　△AOB と △DOC において，

仮定より，OA＝ $\boxed{(1)}$ 　　　　……①

AB∥CD で，錯角は等しいから，

∠OAB＝∠ $\boxed{(2)}$ 　　　　……②

対頂角は等しいから，

∠ $\boxed{(3)}$ ＝∠DOC 　　　　……③

①，②，③より，$\boxed{(4)}$ 組の辺とその両端の角がそれぞれ等しいから，

△AOB $\boxed{(5)}$ △DOC

## ❸直角三角形の合同

右の図で，△ABC は AB＝AC である二等辺三角形です。頂点 A から辺 BC へ垂線をひき，BC との交点を H とします。このとき，BH＝CH であることを証明しなさい。

（証明）　△ABH と △ACH において，

仮定より，AB＝ $\boxed{(1)}$ 　　　　……①

共通な辺だから，AH＝AH 　　　　……②

AH⊥BC だから，

∠AHB＝∠ $\boxed{(2)}$ ＝ $\boxed{(3)}$ ° 　　　　……③

①，②，③より，直角三角形の $\boxed{(4)}$ と他の 1 辺がそれぞれ等しいから，

△ABH $\boxed{(5)}$ △ACH

合同な図形の対応する辺の長さは等しいから，BH＝CH

解答

❶(1)①半径　②交点　(2)① O　② E　③ OE　(3)① P　② B　③ PC
❷(1) OD　(2) ODC　(3) AOB　(4) 1　(5)≡
❸(1) AC　(2) AHC　(3) 90　(4)斜辺　(5)≡

# ★実戦解法テクニック

**例題❶** 対称の軸→**対応する点を結ぶ線分の垂直二等分線！**

右の図の △DEF は，△ABC を対称移動したもの
です。対称の軸 ℓ を作図しなさい。

**解法** 対応する 2 点 A，D を
結ぶ線分 AD の垂直二等
分線を作図する。

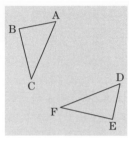

**参考** 対応する 2 点 B と E，ま
たは，C と F を結ぶ線分の垂
直二等分線を作図してもよい。

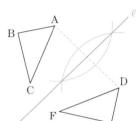

**例題❷** 角の二等分線の作図が正しいことの証明→**三角形の合同を利用！**

右の図は，∠AOB の二等分線の作図のしかたを示
したものです。この作図のしかたが正しいことを証明
しなさい。

**解法** （証明） 点 P と C，D をそれぞれ線分で結ぶ。
△OPC と △OPD において，
仮定より，OC＝OD  ……①
　　　　　CP＝DP  ……②
共通な辺だから，OP＝OP ……③
①，②，③より，3 組の辺がそれぞれ等しいから，
　　△OPC≡△OPD
合同な図形の対応する角の大きさは等しいから，∠COP＝∠DOP

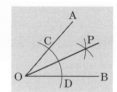

---

**研究** ════════════════════════ ⊰ 平行四辺形の性質 ⊱

① 2 組の対辺はそれぞれ等しい。
　**例** 図 1 で，AB＝DC，AD＝BC
② 2 組の対角はそれぞれ等しい。
　**例** 図 1 で，∠A＝∠C，∠B＝∠D
③ 対角線はそれぞれの中点で交わる。
　**例** 図 2 で，OA＝OC，OB＝OD

図 1

図 2

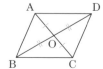

# 基本の問題

**1** 次の作図をしなさい。　⏱10分

(1) 線分 AB の垂直
二等分線

(2) ∠AOB の二等分線

(3) 点 P から直線 ℓ
へひいた垂線

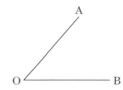

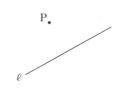

**2** 右の図で，AB＝DE，
∠B＝∠E です。このとき，
△ABC と △DEF が合同になる
には，あと 1 つどのような条件を
つけ加えればよいですか。考えられる条件を，すべて式に表して答えなさい。

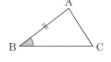

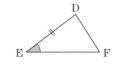

⏱5分

**3** 右の図のように，AO＝BO となるような折
れ線 AOB があります。∠AOB の二等分線上
に点 C をとると，AC＝BC となることを，三
角形の合同を用いて，もっとも簡潔な手順で証
明します。このとき，次の問いに答えなさい。

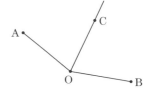

⏱10分

(1) どの三角形とどの三角形が合同であることを示せばよいですか。

(2) (1)で答えた 2 つの三角形が合同であることを示すときに用いる条件を，次
の①～⑥の中から 3 つ選び，その番号で答えなさい。

① AO＝BO　　　　　② CO＝CO　　　　　③ AC＝BC
④∠CAO＝∠CBO　　⑤∠AOC＝∠BOC　　⑥∠OCA＝∠OCB

(3) (1)で答えた 2 つの三角形が合同であることを示すときに用いる合同条件を，
ことばで書きなさい。

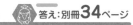

**2** <u>合格力をつける問題</u> 答え：別冊**34**ページ

**1** 　右の図のように，△ABC の辺 BC 上に点 P があります。△ABC を 1 回だけ折って，頂点 A が点 P に重なるようにします。このとき，折り目となる直線を作図しなさい。　　🕐 5分

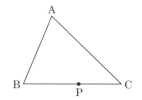

**2** 　右の図のように，線分 AB があります。
∠CAB＝60°となる ∠CAB を作図しなさい。また，∠DAB＝30°となる ∠DAB を作図しなさい。
🕐 5分

**3** 　右の図のように，平行四辺形 ABCD の，対角線 BD の中点を P とします。点 P を通り，辺 AD，BC と交わるように直線をひき，辺 AD，BC との交点をそれぞれ E，F とします。このとき，PE＝PF であることを，三角形の合同を用いて，もっとも簡潔な手順で証明します。これについて，次の問いに答えなさい。　🕐 10分

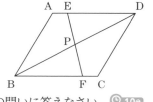

(1)　どの三角形とどの三角形が合同であることを示せばよいですか。

(2)　(1)で答えた 2 つの三角形が合同であることを示すときに用いる条件を，次の①～⑥の中から 3 つ選び，その番号で答えなさい。
　　① DE＝BF　　　　　② PD＝PB　　　　　③ PE＝PF
　　④∠PDE＝∠PBF　　⑤∠DPF＝∠BPE　　⑥∠EPD＝∠FPB

(3)　(1)で答えた 2 つの三角形が合同であることを示すときに用いる合同条件を，ことばで書きなさい。

**4** 　次のことがらの逆を答えなさい。また，それが正しいかどうかを答えなさい。正しくないときは反例をあげなさい。　🕐 5分

(1)　△ABC で，AB＝AC ならば，∠B＝∠C

(2)　△ABC≡△DEF ならば，∠A＝∠D，∠B＝∠E，∠C＝∠F

**5** 右の図の △ABC で，頂点 B，C から辺 AC，AB にそれぞれ垂線 BD，CE をひきます。このとき，BD＝CE ならば，△ABC は二等辺三角形であることを証明します。これについて，次の問いに答えなさい。 ⏱10分

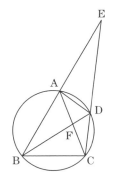

(1) △EBC と △DCB が合同であることを証明しなさい。

(2) (1)を利用して，△ABC が二等辺三角形であることを証明しなさい。

(3) △EBC と △DCB のほかに，もう1組の三角形が合同であることから △ABC が二等辺三角形であることを証明することができます。どの三角形とどの三角形が合同であることを示せばよいですか。

**6** 右の図のように，1つの円の周上に4つの頂点 A，B，C，D をもつ四角形 ABCD があります。辺 BA と辺 CD の延長の交点を E，AC と BD の交点を F とします。EB＝8 cm，EC＝7 cm，BD＝4 cm のとき，図形の相似を用いて，線分 CA の長さを求めます。これについて，次の問いに答えなさい。 ⏱10分

(1) どの三角形とどの三角形が相似であることを示せばよいですか。

(2) (1)で答えた2つの三角形が相似であることを証明しなさい。

(3) 線分 CA の長さは何 cm ですか。

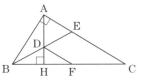

ゆとりで合格の問題 📖答え：別冊**35**ページ

**1** 右の図のような，∠BAC＝90° の直角三角形 ABC があります。点 A から辺 BC へ垂線 AH をひきます。∠ABC の二等分線と AH，AC との交点をそれぞれ D，E とします。点 D から辺 AC に平行な直線をひき，辺 BC との交点を F とします。このとき，AD＝FD であることを証明しなさい。 ⏱10分

# 6 空間図形の問題

## ★基本の確認

「これだけは」チェック！ 直線の位置関係と立体の表面積・体積

| ①2直線の位置関係 | 交わる | 平行 | ねじれの位置 |
|---|---|---|---|
| | └同じ平面上にある┘ | └交わらない┘ | |

| ②立体の表面積 | 角柱・円柱の表面積＝**側面積＋底面積×2**<br>角錐・円錐の表面積＝**側面積＋底面積** |
|---|---|

| ③立体の体積 | 角柱…$V=Sh$<br>（底面積 $S$, 高さ $h$, 体積 $V$）<br>角錐…$V=\dfrac{1}{3}Sh$ | 円柱…$V=\pi r^2 h$<br>（底面の半径 $r$）<br>円錐…$V=\dfrac{1}{3}\pi r^2 h$ |
|---|---|---|

| ④球の表面積・体積 | 表面積…$S=4\pi r^2$<br>（表面積 $S$, 体積 $V$, 半径 $r$） | 体積…$V=\dfrac{4}{3}\pi r^3$ |
|---|---|---|

▶次の □ にあてはまるものを入れなさい。 （解答は右下）

## ❶直線や平面の位置関係

① 右の直方体について，
- (1) 辺 AB とねじれの位置にある辺は，辺 □
- (2) 辺 AE と垂直な面は，面 □
- (3) 面 AEFB と平行な面は，面 □

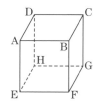

② 次の㋐～㋒のことがらのうち，つねに成り立つものは，□

- ㋐ 同じ平面に平行な2つの直線は平行である。
- ㋑ 同じ平面に垂直な2つの直線は平行である。
- ㋒ 同じ平面に垂直な2つの平面は平行である。

展開図や投影図から立体がパッと思い 浮かぶようになれば good！

学習日 月 日

## ❷ 立体の体積と表面積

右の図の円柱の体積や表面積を求めなさい。ただし，円周率は $\pi$ とする。

① この円柱の体積は □□□ cm$^3$ である。

② この円柱の底面積は □(1)□ cm$^2$，側面積は □(2)□ cm$^2$，表面積は □(3)□ cm$^2$ である。

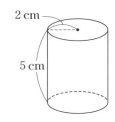

2 cm
5 cm

## ❸ 投影図

右の投影図が表す立体は，□□□ である。
（上側の三角形が立面図，下側の円は平面図である。）

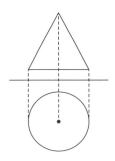

## ❹ 立方体と展開図

次の⑦～⑦の中で，組み立てたとき立方体になるものは，□□□

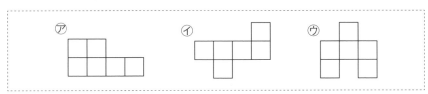

⑦　　　　　⑦　　　　　⑦

# ★実戦解法テクニック

## 例題❶ 切り取った立体の体積→もとの図形を再現して相似比を使え！

右の図の円錐台の体積 $V$ を求めなさい。円周率は $\pi$ とします。

**解法** 図の円錐台は，大きい円錐(イ)から小さい円錐
(ロ)を切り取ったものと考えられる。

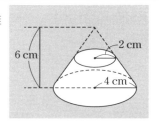

**図解**

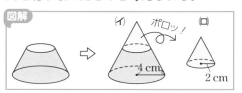

円錐(イ)と(ロ)は相似で，相似比は，$4:2=2:1$
だから，体積の比は，$2^3:1^3=8:1$

$$V=\frac{1}{3}\pi\times 4^2\times 6\times\frac{8-1}{8}=28\pi\,(\mathrm{cm}^3) \ \text{←答}$$

---

**確認** 相似な図形の性質

相似な図形 A，B で，相似
比が $a:b$ ならば，
**面積比 ⇒ $a^2:b^2$**
**体積比 ⇒ $a^3:b^3$**

---

## 例題❷ 最短距離の問題→展開図で考えよ！

右の図のように，正四角錐の頂点 A から辺 OB
を通り頂点 C まで，表面上に糸をぴんと張るとき
の糸の最短の長さを求めなさい。

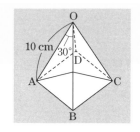

**解法** 辺 OB を折り目とした展開図の略図をかく。

展開図で，A と C を結ん
だ線分の長さが最短の長さで
ある。△OAC は正三角形に
なるから，

$$AC = 10\ \mathrm{cm} \ \text{←答}$$

**図解**

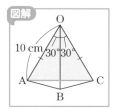

〈応用〉
直方体や円錐なども，
展開図で考えるとよい。

---

**参考** 立方体の見取図と展開図の頂点の対応

見取図でもっとも離れた
**頂点 A と G** は，展開図で
は正方形を2つ並べた長方
形の対角線の両端にくる。

〔見取図〕

〔展開図〕

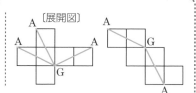

# 基本の問題

答え：別冊**36**ページ

**1** 右の図のような六面体 ABCD－EFGH について，次の問いに答えなさい。ただし，底面 EFGH は正方形で，側面は底面と垂直です。 ⏱ 3分

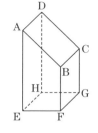

(1) 辺 HG と垂直に交わる辺をすべて答えなさい。

(2) 辺 AD とねじれの位置にある辺は何本ありますか。

**2** 右の図は，円柱の展開図です。これを組み立てるとき，次の問いに答えなさい。ただし，円周率は $\pi$ とします。 ⏱ 6分

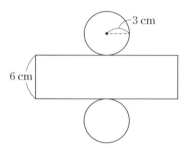

(1) この円柱の体積は何 $\mathrm{cm}^3$ ですか。

(2) この円柱の表面積は何 $\mathrm{cm}^2$ ですか。

**3** 右の図の正四角錐 OABCD について，次の問いに答えなさい。 ⏱ 6分

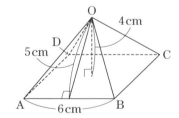

(1) この正四角錐の体積は何 $\mathrm{cm}^3$ ですか。

(2) この正四角錐の表面積は何 $\mathrm{cm}^2$ ですか。

**4** 右の図の △ABC を辺 AC を軸として 1 回転させてできる立体について，次の問いに答えなさい。 ⏱ 6分

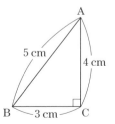

(1) この立体の見取図をかきなさい。

(2) この立体の体積は何 $\mathrm{cm}^3$ ですか。ただし，円周率は $\pi$ とします。

❷ 次
数理技能

**1** 右の図はある立体の展開図です。次の問いに答えなさい。 ⏱ 6分

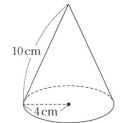

(1) この展開図を組み立てると，どのような立体になりますか。

(2) この展開図を組み立てたとき，辺 CL と垂直になる面をすべて答えなさい。

(3) 🔴miss 点 B と重なる点をすべて答えなさい。

**2** 右の図の円錐について，次の問いに答えなさい。円周率は π とします。 ⏱ 6分

(1) この円錐の展開図について，側面になるおうぎ形の中心角は何度ですか。

(2) この円錐の表面積は何 cm² ですか。

**3** 次の⑦〜⓪は，それぞれ立体の投影図です。どの立体も底面に平行または垂直な面で囲まれています。⑦〜⓪の立体の中で，面の数がもっとも多いものはどれですか。その記号と面の数を答えなさい。 ⏱ 5分

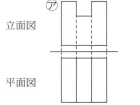
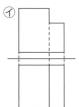
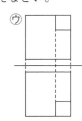
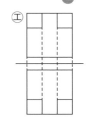

立面図

平面図

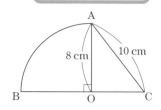

**4** 右の図は，おうぎ形 OAB と直角三角形 OAC を組み合わせた形です。この図形を，辺 BC を軸として 1 回転させてできる立体について，次の問いに答えなさい。ただし，円周率は π とします。 ⏱10分

(1) 体積は何 cm³ ですか。

(2) 表面積は何 cm² ですか。

**5** 右の図のように，1 辺が 1 cm の立方体 ABCD－EFGH があります。このとき，次の問いに答えなさい。 ⏱10分

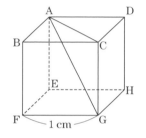

(1) 線分 AC の長さは何 cm ですか。

(2) 線分 AG の長さは何 cm ですか。

(3) 辺 BC 上に点 P を AP＋PG が最小になるようにとります。このとき，AP＋PG は何 cm になりますか。

**6** 右の図のような円錐台(円錐を底面に平行な平面で切った立体)があります。次の問いに答えなさい。ただし，円周率は π とします。 ⏱15分

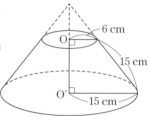

(1) 線分 OO′ の長さは何 cm ですか。

(2) 体積は何 cm³ ですか。

 (3) 表面積は何 cm² ですか。

---

**STEP 3** ゆとりで合格の問題  答え：別冊**38**ページ

**1** 右の図のように，半径 10 cm の球と半径 4 cm の球が接していて，2 つの球は円錐の側面とも接しています。また，大きいほうの球は円錐の底面とも接しています。このとき，この円錐の底面の半径は何 cm ですか。 ⏱10分

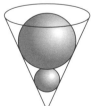

# 7 データの活用の問題

## ★基本の確認

### 『これだけは』チェック！ 度数分布表の見方

| ①階 級 | データを整理するための区間。 それぞれの階級のまん中の値を階級値という。 |
|---|---|
| ②度 数 | 階級に入るデータの個数。 例 10 m 以上 15 m 未満の階級の度数は 3 人。 |
| ③ヒストグラム と度数折れ線 | 右上の度数分布表をヒストグラムと度数折れ線に表すと，右下のようになる。 |
| ④相対度数 | 相対度数＝その階級の度数／度数の合計 例 15 m 以上 20 m 未満の階級の相対度数は，$\frac{5}{20}=0.25$ |
| ⑤累積度数 | 最初の階級から，その階級までの度数を合計した値。 例 25 m 以上 30 m 未満の階級までの累積度数は， 3＋5＋6＋4＝18（人） |

**ハンドボール投げの記録**

| 階級(m) | 度数(人) |
|---|---|
| 以上　未満 10 ～ 15 | 3 |
| 15 ～ 20 | 5 |
| 20 ～ 25 | 6 |
| 25 ～ 30 | 4 |
| 30 ～ 35 | 2 |
| 計 | 20 |

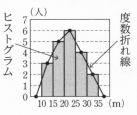

▶次の ☐ にあてはまるものを入れなさい。　（解答は右下）

### ❶度数分布表

右の表は，20 人の生徒の通学時間について，度数分布表に整理したものです。

① いちばん度数が多い階級は， ☐(1)☐ 分以上 ☐(2)☐ 分未満の階級。

② 15 分以上 20 分未満の階級の相対度数は， ☐

③ 20 分以上 25 分未満の階級までの累積度数は， ☐ 人。

**通学時間**

| 階級(分) | 度数(人) |
|---|---|
| 以上　未満 5 ～ 10 | 3 |
| 10 ～ 15 | 4 |
| 15 ～ 20 | 7 |
| 20 ～ 25 | 5 |
| 25 ～ 30 | 1 |
| 計 | 20 |

## ②ヒストグラム

① 　右の図は，あるクラスの男子のハンドボール
投げの記録をヒストグラムで表したものである。

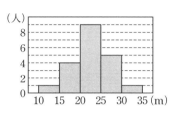

(1) 　このクラスの男子の人数は，□□□□ 人。

(2) 　20 m 以上 25 m 未満の階級に入る生徒の
人数は，□□□□ 人。

(3) 　25 m 以上投げた人は，□□□□ 人。

② 　あるクラス全員の身長を右の
ように，表とヒストグラムに整
理した。このとき，

(1) 　$x=$□□□□

(2) 　$y=$□□□□

(3) 　全体の人数は，□□□□ 人。

| 身長(cm) | 人数 |
|---|---|
| 以上　　未満 | |
| $145 \sim 150$ | 8 |
| $150 \sim 155$ | $x$ |
| $155 \sim 160$ | 14 |
| $160 \sim 165$ | $y$ |

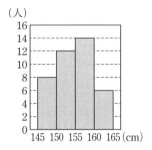

## ③場合の数

① 　1 個のさいころを振るとき，奇数の目が出る場合の数
は，□□□□ 通り。

② 　2 個のさいころを同時に振るとき，すべての目の出方
は，□□□□ 通り。

**基本の確認**
**解答**

❶①(1) 15　(2) 20　②0.35　[**コーチ** $\frac{7}{20}=0.35$]

③19 [**コーチ** 3＋4＋7＋5＝19]　❷①(1) 20　(2) 9　(3) 6　②(1) 12

(2) 6　(3) 40　❸① 3　② 36 [**コーチ** 6×6＝36(通り)]

## ★実戦解法テクニック

---

**例題❶** 累積相対度数の問題 → **まず累積度数を求めよう！**

右の表は，40人の男子生徒の50m走の記録について，度数分布表に整理したものである。8.0秒以上8.5秒未満の階級までの累積相対度数を求めなさい。

**50m走の記録**

| 階級（秒） | 度数（人） |
|---|---|
| 以上　　未満<br>6.5 ～ 7.0 | 5 |
| 7.0 ～ 7.5 | 8 |
| 7.5 ～ 8.0 | 9 |
| 8.0 ～ 8.5 | 12 |
| 8.5 ～ 9.0 | 6 |
| 計 | 40 |

**解法**　8.0秒以上8.5秒未満の階級までの累積度数は，
$5+8+9+12=34$（人）

$$累積相対度数＝\frac{その階級までの度数の合計}{度数の合計}$$

より，累積相対度数は，$\frac{34}{40}=0.85$ ←答

---

**例題❷** 「少なくとも～」の確率 → **「起こらない確率」を利用！**

A，Bの2個のさいころを同時に振るとき，少なくとも一方は1の目が出る確率を求めなさい。

**解法**　少なくとも一方は1の目が出る確率 $=1-$ 両方とも1以外の目が出る確率 である。

両方とも，1以外の目が出る場合の数は，Aについて，2～6の5通り。Aのそれぞれについて，Bも2～6の5通り。したがって，$5×5=25$（通り）

すべての場合の数は，$6×6=36$（通り）だから，

求める確率は，$1-\dfrac{25}{36}=\dfrac{11}{36}$ ←答

---

**例題❸** 確率と関数 → **かくれた条件に注意！**

A，Bの2個のさいころを同時に振るとき，Aの目の数を$x$座標，Bの目の数を$y$座標とする点Pを考える。点Pが関数$y=\dfrac{8}{x}$のグラフ上にある確率を求めなさい。

**解法**　$x$，$y$はさいころの目の数だから，ともに1～6の自然数。点Pがグラフ上にあるのは，

(1, 8)や(-2, -4)なんかはダメだよ。

$(A，B)=(2，4)，(4，2)$のときだから，確率は，$\dfrac{2}{36}=\dfrac{1}{18}$ ←答

# 基本の問題

答え：別冊**38**ページ

1　右の表は，けんたさんのクラスの生徒について，通学時間を調べ，度数分布表に整理したものです。次の問いに答えなさい。　⏱5分

(1)　10分以上15分未満の階級の度数は何人ですか。

(2)　15分以上20分未満の階級の相対度数を求めなさい。

**通学時間**

| 時間(分) | 度数(人) |
|---|---|
| 以上　未満 | |
| 5～10 | 8 |
| 10～15 | ☐ |
| 15～20 | 10 |
| 20～25 | 7 |
| 計 | 40 |

2　右の表は，50人の男子生徒のハンドボールの記録について調べ，度数分布表に整理したものです。次の問いに答えなさい。　⏱6分

(1)　記録が20m未満の生徒は全体の何％ですか。

(2)　20m以上25m未満の階級までの累積度数を求めなさい。

(3)　20m以上25m未満の階級までの累積相対度数を求めなさい。

**ハンドボール投げの記録**

| 階級(m) | 度数(人) |
|---|---|
| 以上　未満 | |
| 10～15 | 8 |
| 15～20 | 12 |
| 20～25 | 16 |
| 25～30 | 9 |
| 30～35 | 5 |
| 計 | 50 |

3　かおりさんはハンバーガーショップに行き，次のメニューから選んで食事をしようと思いました。次の問いに答えなさい。　⏱6分

［メニュー］

| A | B | C |
|---|---|---|
| ハンバーガー | コーラ | ポテト |
| チーズバーガー | オレンジジュース | チキンナゲット |
| フィッシュバーガー | アイスコーヒー | |
| ダブルバーガー | | |

(1)　A，Bの中から1種類ずつ選ぶとすると，何通りの選び方がありますか。

(2)　A，B，Cの中から1種類ずつ選ぶとすると，何通りの選び方がありますか。

❷次　数理技能

## STEP 2 合格力をつける問題

答え：別冊**38**ページ

**1** みかさんのクラスで10点満点の数学のテストを行い，35人の生徒がこのテストを受けました。右のグラフはその結果をまとめたものです。このとき，次の問いに答えなさい。 ⏱10分

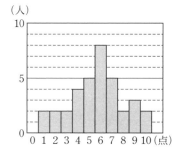

(1) 点数が6点の生徒の人数は点数が4点の生徒の人数の何倍ですか。

(2) 最頻値を求めなさい。

(3) 点数が8点以上の生徒は全体の何％ですか。

(4) 35人の生徒の点数の平均は何点ですか。小数第2位を四捨五入して，小数第1位まで求めなさい。

**2** ある中学校の生徒200人でクイズ大会を行いました。右の表は，その得点について調べ，度数分布表に整理したものです。ア～カにあてはまる数を求めなさい。 ⏱10分

**クイズの得点**

| 階級(点) | 度数(人) | 相対度数 | 累積相対度数 |
|---|---|---|---|
| 以上　未満 | | | |
| 10～20 | 8 | 0.04 | 0.04 |
| 20～30 | 14 | | |
| 30～40 | ア | 0.13 | |
| 40～50 | 32 | ウ | |
| 50～60 | 48 | | オ |
| 60～70 | イ | エ | |
| 70～80 | 28 | | カ |
| 80～90 | 10 | | 1.00 |
| 計 | 200 | 1.00 | |

**3** 右の表は，2つのグループ A，B の生徒の体重を調べ，度数分布表に整理したものです。次の問いに答えなさい。 ⏱10分

(1) 右の表のア～オにあてはまる相対度数を書きなさい。

(2) A グループで，体重が 50 kg 未満の生徒は，A グループ全体の何％ですか。

**体重の記録**

| 階級(kg) | 度数(人) | | 相対度数 | |
|---|---|---|---|---|
| | A | B | A | B |
| 以上 未満 | | | | |
| 40～45 | 4 | 1 | 0.08 | ア |
| 45～50 | 10 | 4 | 0.20 | イ |
| 50～55 | 18 | 7 | 0.36 | ウ |
| 55～60 | 12 | 5 | 0.24 | エ |
| 60～65 | 6 | 3 | 0.12 | オ |
| 計 | 50 | 20 | 1.00 | 1.00 |

(3) B グループで，体重が 50 kg 以上の生徒は，B グループ全体の何％ですか。

(4) 体重が 55 kg 以上の生徒の割合は，どちらのグループが大きいといえますか。

**4** 右の図は，ある中学校の3年生50人が受けた国語，数学，英語のテストの点数のデータを箱ひげ図に表したものです。これらの箱ひげ図から読み取れることがらとして正しいものを，次のア～オの中からすべて選び，その記号を書きなさい。 ⏱10分

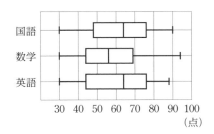

ア 3教科とも最高点は 90 点以上である。

イ 範囲がいちばん大きいのは国語のテストである。

ウ 四分位範囲がいちばん大きいのは英語のテストである。

エ 数学では，70 点以上の生徒が 13 人以上いる。

オ 英語では，60 点以上の生徒が半分以上いる。

**5** 袋の中に，あたりくじとはずれくじが合わせて 1200 本入っています。この袋の中からくじを 50 本無作為に抽出すると，あたりくじは 9 本ありました。この袋の中に，あたりくじはおよそ何本入っていると考えられますか。一の位を四捨五入して，十の位まで求めなさい。 ⏱3分

**6** 袋の中に，赤球が3個，白球が3個入っています。この中から同時に2個の球を取り出すとき，次の問いに答えなさい。 ⏱10分

(1) 球の取り出し方は全部で何通りありますか。

(2) 2個とも同じ色の球である確率を求めなさい。

(3) 少なくとも1個は白球である確率を求めなさい。

**7** 右の図のような0から7までの数字を▼の所で合わせると，開くかぎがあります。番号を忘れてしまいましたが，2が1つだけあったことは覚えています。これについて，次の問いに答えなさい。 ⏱6分

(1) いちばん上が2であったとすると，何通りの組み合わせが考えられますか。

(2) 全部で何通りの組み合わせ方が考えられますか。

**8** A，B2個のさいころを同時に振り，Aのさいころの出た目の数を$a$，Bのさいころの出た目の数を$b$とし，$a$を$x$座標，$b$を$y$座標とする点をPとします。このとき，次の確率を求めなさい。 ⏱10分

(1) 点Pが直線$y=4$上にある確率

(2) 点Pが直線$y=x$上にある確率

(3) 点Pが双曲線$y=\dfrac{12}{x}$上にある確率

(4) 点Pが直線$2x+y=9$上にある確率

# ③ ゆとりで合格の問題  答え：別冊**40**ページ

**1** 右の表は，ある中学校の1年生50人と3年生75人について，ある日の睡眠時間を調べ，度数分布表に整理したものです。この表からわかることとして正しいものを，次のア～ウからすべて選び，その記号を書きなさい。 🕐10分

ア　1年生と3年生で，7時間未満の生徒の割合は，どちらも50％以下である。

イ　1年生と3年生で，6時間以上7時間未満の階級の相対度数は等しい。

ウ　1年生と3年生で，7時間以上8時間未満の階級までの累積相対度数は等しい。

**睡眠時間**

| 階級（時間） | 1年生 度数（人） | 3年生 度数（人） |
|---|---|---|
| 以上　未満 | | |
| 4～5 | 3 | 6 |
| 5～6 | 6 | 9 |
| 6～7 | 15 | 25 |
| 7～8 | 18 | 23 |
| 8～9 | 8 | 12 |
| 計 | 50 | 75 |

**2** ひろみさんのクラスで，5点満点の数学のテストを行いました。次の表は，そのテストの点数別の人数を整理したものです。下の問いに答えなさい。 🕐10分

| 点　数(点) | 0 | 1 | 2 | 3 | 4 | 5 | 合計 |
|---|---|---|---|---|---|---|---|
| 人　数(人) | 1 | 2 | $x$ | 13 | $y$ | 5 | 40 |

(1) このテストの点数の平均を，$x$，$y$ を使って表しなさい。

(2) このテストの点数の平均は3.2点でした。上の表の $x$，$y$ の値をそれぞれ求めなさい。

人数と平均点の関係から，連立方程式をつくってみよう。

**3** A，B，Cの3つの箱があります。Aの箱には1から6までの番号がつけられたカードが6枚，Bの箱には5，6の番号がつけられたカードが2枚，Cの箱には3から6までの番号がつけられたカードが4枚入っています。A，B，Cの箱から，カードを1枚ずつ取り出すとき，次の問いに答えなさい。 🕐12分

(1) Bの箱から取り出されたカードの番号が，他の箱から取り出されたカードの番号よりも大きくなる確率を求めなさい。

(2) 取り出されたカードを，つけられた番号の小さい順に並べたとき，A，C，Bの順になる確率を求めなさい。

# 8 思考力を必要とする問題

## ★基本の確認

| 「これだけは」チェック！ | いろいろな規則性 |
| --- | --- |

| ①数列 | 数の並び方に，一定のきまりを見つける。 |
| --- | --- |
| | 例 1, 3, 5, 7, 9, ………… ⇨ 奇数が並んでいる |
| | 2, 4, 6, 8, 10, ………… ⇨ 偶数が並んでいる |
| ②数の組み立て | 1つの数を，いくつかの数として考える。 |
| | 例 10 を，異なる自然数の和として考えると， |
| | $10=1+2+3+4$, $10=2+3+5$, $10=4+6$, …… |
| ③マッチ棒と規則 | マッチ棒を使って，規則的に図形を並べることができる。 |
| |  |
| | ▲正三角形をつくっていく。 |

▶次の □□□ にあてはまるものを入れなさい。 （解答は右下）

## ❶数の規則性

●きまりを見つけて，□□□ にあてはまる数を考えましょう。

① 3, 8, 13, ☐(1)☐, 23, 28, ☐(2)☐, 38, ………

② 2, 3, 5, ☐(1)☐, 11, 13, ☐(2)☐, 19, 23, ………

③ 3, 6, 12, ☐(1)☐, 48, ☐(2)☐, 192, 384, ………

④ $\dfrac{1}{2}$, $\dfrac{1}{6}$, $\dfrac{1}{12}$, ☐(1)☐, $\dfrac{1}{30}$, $\dfrac{1}{42}$, ☐(2)☐, $\dfrac{1}{72}$, ………

⑤ 1, 4, 9, ☐(1)☐, 25, ☐(2)☐, 49, 64, ………

## ❷数の組み立てと規則

右のア～ウに 3，4，5 の数字を 1 つずつ入れて，各辺の数の和を等しくなるようにすると，

ア…□□□，イ…□□□，ウ…□□□

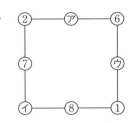

## ❸図形の見方

右の図のように，縦横それぞれ 1 cm の間隔で計 16 個の点が並んでいる。このうちの 4 点を選んで正方形をつくるとき，正方形の 1 辺として考えられる長さを求めると，□□cm，□□cm，□□cm，□□cm，□□cm

（小さい順に答えること。）

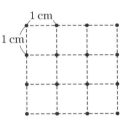

## ❹規則と図形

右の図のように，マッチ棒を並べて正方形をつくる。

(1) 正方形が 1 つ増えるごとに必要なマッチ棒の本数は，□□本である。

(2) 正方形を 5 個つくるときに必要なマッチ棒の本数は，□□本である。

基本の確認　解答

❶①(1) 18　(2) 33　②(1) 7　(2) 17 [**コーチ** 素数を小さい順に並べたもの。]
③(1) 24　(2) 96　④(1) $\frac{1}{20}$　(2) $\frac{1}{56}$ [**コーチ** $n$ 番目の数は，$\frac{1}{n(n+1)}$]　⑤(1) 16　(2) 36 [**コーチ** $n$ 番目の数は，$n^2$]　❷ア 4　イ 3　ウ 5　❸ 1，$\sqrt{2}$，2，$\sqrt{5}$，3 [**コーチ** 対角線を 1 辺とする場合も考える。]　❹(1) 3　(2) 16

# ★実戦解法テクニック

## 例題① 図形の規則性の問題→増え方のきまりを見つける！

右の図のように，碁石を正方形の形に並べていく。碁石の数がはじめて 150 個を超えるのは何番めの図形か。

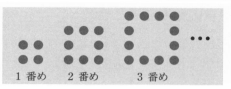

1 番め　2 番め　3 番め

**解法**　右の図のように，$n$ 番めの碁石の 1 辺には $(n+1)$ 個の碁石が並んでいる。

$n$ 番めの図形の碁石の数は，⎯⎯で囲んだ $n$ 個の碁石の 4 つ分と考えられるから，$n \times 4 = 4n$（個）

よって，$4n$ がはじめて 150 より大きくなるときの $n$ の値を考える。

$4 \times 36 = 144$, $4 \times 37 = 148$, $4 \times 38 = 152$, …より, $n = 38$

したがって，**38 番めの図形。**◀答

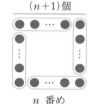

$(n+1)$個

$n$ 番め

## 例題② 数の和と規則→基準を決めて文字で表せ！

次の数列の中から，連続する 3 数を取り出して和をつくる。たとえば，4, 7, 10 を取り出すと，和は $4+7+10=21$ です。和が 66 になるときの，連続する 3 数を求めなさい。

$$1, \ 4, \ 7, \ 10, \ 13, \ 16, \ 19, \ \cdots\cdots$$

> となり合う 2 数の差は 3 だね。

**解法**　連続する 3 数の**まん中の数を $n$** とすると，

3 数は，$n-3$, $n$, $n+3$　●●●⎯これを基準に

$(n-3)+n+(n+3)=66$　より，$n=22$　答→ **19, 22, 25**

### 研究

カレンダーを使って，数の和の規則を調べよう。

● ⸨ ⸩ のように囲んだ 3 数の和は，中央の数の 3 倍。

　例　$4+\boxed{12}+20=\boxed{12}\times3$, $14+21+28=\boxed{21}\times3$

● ⋈ のように囲んだ 5 数の和は，中央の数の 5 倍。

　例　$1+3+\boxed{9}+15+17=\boxed{9}\times5$

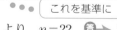

| 日 | 月 | 火 | 水 | 木 | 金 | 土 |
|---|---|---|---|---|---|---|
|  | 1 | 2 | 3 | 4 | 5 | 6 |
| 7 | 8 | 9 | 10 | 11 | 12 | 13 |
| 14 | 15 | 16 | 17 | 18 | 19 | 20 |
| 21 | 22 | 23 | 24 | 25 | 26 | 27 |
| 28 | 29 | 30 | 31 |  |  |  |

★他の規則も考えてみよう。

# 基本の問題

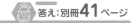

答え：別冊**41**ページ

**1** ある月のカレンダーの数字を右の図のように 5 個 1 組になるように囲みます。図は，中央の数が 9 のときの例です。これについて，次の問いに答えなさい。 🕐 **6分**

| 日 | 月 | 火 | 水 | 木 | 金 | 土 |
|---|---|---|---|---|---|---|
|  |  | 1 | 2 | 3 | 4 | 5 | 6 |
| 7 | 8 | 9 | 10 | 11 | 12 | 13 |
| 14 | 15 | 16 | 17 | 18 | 19 | 20 |
| 21 | 22 | 23 | 24 | 25 | 26 | 27 |
| 28 | 29 | 30 | 31 |  |  |  |

(1) 中央の数が 18 になるように囲むとき，5 個の数の和を求めなさい。

(2) 中央の数を $n$ として，5 個の数の和を $n$ を使った式で表しなさい。

**2** 次の図のように，碁石を正三角形の形に順々に並べていきます。この規則に従って碁石を並べるものとして，下の問いに答えなさい。 🕐 **10分**

1番め　　2番め　　　3番め　　　　4番め　　………

(1) 6 番めの正三角形には何個の碁石が使われますか。

(2) $n$ 番めの正三角形に使われる碁石の数を，$n$ を使ったもっとも簡単な式で表しなさい。

(3) 使われる碁石の数が 100 個を超えるのは何番め以降ですか。

**3** 次の問いに答えなさい。 🕐 **10分**

(1) ある整数 A について，それぞれの位の数を 2 乗してたした値を【A】と表すこととします。たとえば，整数 A が 157 のとき，$【157】=1^2+5^2+7^2=75$ となります。
　　【【369】】の値を求めなさい。

(2) 正の整数 $a$, $b$, $c$ について，$a+b+c=20$ を成り立たせる $a$, $b$, $c$ の値の組のうち，$a×b×c$ がもっとも大きくなるような $a$, $b$, $c$ の値と $a×b×c$ の値を求めなさい。ただし，$a$, $b$, $c$ が同じ数であってもかまいません。また，答えが何通りかある場合は，そのうちの 1 つを答えなさい。

STEP **2** 合格力をつける問題 答え：別冊**42**ページ

**1** あゆみさんの家では，右の図のようなポンプ式のシャンプー（内容量 700 mL）を使っています。図の⇩のところを1回押すと 3 mL のシャンプーが出てきます。あゆみさんの家族が使うシャンプーの量は，お父さんは 2 日に 1 回 3 mL，お母さんは 2 日に 1 回 6 mL，お兄さんは毎日 1 回 3 mL，あゆみさんは毎日 1 回 18 mL です。ある日，この 4 人で一斉にこのシャンプーを使い始めたとすると，何日めになくなりますか。

🕐 6分

**2** 次の図のように，1 辺の長さが 10 cm の正方形があります。これを 1 番めとします。次に，この正方形の各辺の中点を結び，1 番めの正方形の内部に2 番めの正方形をかきます。さらに，2 番めの正方形の各辺の中点を結び 3番めの正方形をかきます。このようにして，4 番め，5 番め，……の正方形をかいていきます。次の問いに答えなさい。 🕐 12分

    ·········

(1) 2 番めの正方形の 1 辺の長さは何 cm ですか。

(2) 2 番めの正方形の面積は，1 番めの正方形の面積の何分のいくつですか。できるだけ簡単な分数で答えなさい。

(3) 5 番めの正方形の面積は何 cm² ですか。

**3** 次の図のように，白と黒の碁石がある規則に従って並んでいます。この先もこの規則に従って碁石を並べるものとして，次の問いに答えなさい。 🕐 12分

(1) 左から 25 番めの碁石の色を答えなさい。

(2) 左から 100 番めの碁石の色を答えなさい。

(3) この先，白の碁石が 25 個連続して並ぶところがありますが，この 25 個の最初の碁石は，左から何番めの碁石になりますか。

4 　0でない2つの数を適当に並べて書き，1番め，2番めとします。2番めの数に1を加えて1番めの数でわり，その答えを3番めに書きます。次に3番めの数に1を加えて2番めの数でわり，その答えを4番めにかきます。それ以後，最後の数に1を加えて最後の数の直前の数でわり，その答えを次に書きます。たとえば，1番めの数と2番めの数が2と3ならば，

2, 3

2, 3, (3+1)÷2=2

2, 3, 2, (2+1)÷3=1

2, 3, 2, 1, (1+1)÷2=1

2, 3, 2, 1, 1, (1+1)÷1=2

2, 3, 2, 1, 1, 2, (2+1)÷1=3

………………………………………………………

となり，2, 3, 2, 1, 1が繰り返されます。これについて，次の問いに答えなさい。

🕐 12分

 (1) 　1番めと2番めの数が1と5ならば，どのような数が並びますか。

 (2) 　1番めと2番めの数が −2と −3ならば，どのような数が並びますか。

# STEP 3 ゆとりで合格の問題 　答え：別冊 **44** ページ

1 　右の図のように，正の整数が規則的に並んでいます。たとえば，上から3段め，左から4番めの数は14です。上から2段め，左から $n$ 番めの数を $n$ を使って表しなさい。

🕐 10分

| 1 | 8 | 9 | 16 | … |
| 2 | 7 | 10 | 15 | … |
| 3 | 6 | 11 | 14 | … |
| 4 | 5 | 12 | 13 | … |

2 　ある学校の体育委員会は，A，B，C，D，E，F，G，H，I，Jの10人の委員で構成されています。委員A～Jの関係が次の①～⑥のようになっているとき，下の問いに答えなさい。

🕐 5分

① 　Aはリーダーシップをとるタイプで，CはいつでもAの意見に賛成である。

② 　CとFとGは仲が良く，いつも同じ意見である。

③ 　BとIは，それぞれそのときに正しいと思った意見に賛成する。

④ 　DはいつでもAの意見に反対する。

⑤ 　HとJは，いつでもDの意見に賛成する。

⑥ 　EはBを慕っているので，いつでもBの意見に賛成する。

　BがAの意見に賛成し，IがAの意見に反対したとすると，Aの意見に賛成する委員をすべて答えなさい。

## ◆監修者紹介◆

### 公益財団法人 日本数学検定協会

公益財団法人日本数学検定協会は，全国レベルの実力・絶対評価システムである実用数学技能検定を実施する団体です。

第1回を実施した1992年には5,500人だった受検者数は2006年以降は年間30万人を超え，数学検定を実施する学校や教育機関も18,000団体を突破しました。

数学検定2級以上を取得すると文部科学省が実施する「高等学校卒業程度認定試験」の「数学」科目が試験免除されます。このほか，大学入学試験での優遇措置や高等学校等の単位認定等に組み入れる学校が増加しています。また，日本国内はもちろん，フィリピン，カンボジア，タイなどでも実施され，海外でも高い評価を得ています。

いまや数学検定は，数学・算数に関する検定のスタンダードとして，進学・就職に必須の検定となっています。

◆カバーデザイン：星 光信（Xin-Design）
◆本文デザイン：タムラ マサキ
◆本文キャラクター：une corn ウネハラ ユウジ
◆編集協力：（有）アズ
◆ DTP：（株）明昌堂
　　　　データ管理コード：24-2031-2140（2022）

この本は，下記のように環境に配慮して製作しました。
・製版フィルムを使用しない CTP 方式で印刷しました。
・環境に配慮した紙を使用しています。

---

### 読者アンケートのお願い

本書に関するアンケートにご協力ください。下のコードか URL からアクセスし、以下のアンケート番号を入力してご回答ください。ご協力いただいた方の中から抽選で「図書カードネットギフト」を贈呈いたします。

URL：https://ieben.gakken.jp/qr/suuken/
アンケート番号：305735

受かる！数学検定

くわしい解説つきで，
解き方がよくわかります。

「ミス注意」の問題には
「ミス対策」があり，
注意点がよくわかります。

# ③級 解答と解説

## ① 数の計算

問題：**13**ページ

**S T E P 1** ── 基本の問題

**1** 解答　(1) $8$　(2) $-\dfrac{13}{6}$　(3) $-5$

(4) $-13$　(5) $-4$　(6) $-1$

解説

(1) 原式 $=5+(+3)=5+3=8$

miss ミス対策　符号の変化に注意して，かっこをはずす。$-(-\blacksquare)\rightarrow+(+\blacksquare)$

(2) 小数を分数に直して通分する。

原式 $=-\dfrac{3}{2}-\dfrac{2}{3}=-\dfrac{9}{6}-\dfrac{4}{6}=-\dfrac{13}{6}$

(3) 原式 $=6-3-8=6-11=-5$

(4) 原式 $=-15-7+9=-22+9$

$=-13$

(5) 原式 $=-5+10-9$

$=-14+10=-4$

(6) 正の数どうし，負の数どうしをそれぞれまとめる。

原式 $=-18-21+25+13$

$=-39+38=-1$

**2** 解答　(1) $14$　(2) $-\dfrac{1}{6}$　(3) $-18$

(4) $4$

解説

2数の積・商の符号は，

同符号 $\rightarrow$ ＋，異符号 $\rightarrow$ －

(1) 原式 $=+(2\times7)=+14=14$

(2) 原式 $=-\left(\dfrac{\overset{1}{\cancel{3}}}{\underset{2}{\cancel{4}}}\times\dfrac{\overset{1}{\cancel{2}}}{\underset{3}{\cancel{9}}}\right)=-\dfrac{1}{6}$

(3) 原式 $=9\times(-2)=-(9\times2)=-18$

(4) 原式 $=+(12\div3)=+4=4$

**3** 解答　(1) $\sqrt{6}$　(2) $3\sqrt{6}$　(3) $\sqrt{3}$　(4) $2$

解説

$\sqrt{a}\times\sqrt{b}=\sqrt{ab}$，$\sqrt{a}\div\sqrt{b}=\sqrt{\dfrac{a}{b}}$

$\sqrt{a^2b}=a\sqrt{b}$（$a$，$b$ は正の数）

(1) 原式 $=\sqrt{2\times3}=\sqrt{6}$

(2) 原式 $=\sqrt{3\times18}=\sqrt{3\times3\times6}$

$=\sqrt{3^2\times6}=3\sqrt{6}$

(3) 原式 $=\sqrt{\dfrac{18}{6}}=\sqrt{3}$

(4) 原式 $=\sqrt{\dfrac{8}{2}}=\sqrt{4}=2$

**4** 解答　(1) $6\sqrt{3}$　(2) $7\sqrt{5}$　(3) $3\sqrt{2}$

(4) $-2\sqrt{7}$

解説

加法 $\rightarrow m\sqrt{a}+n\sqrt{a}=(m+n)\sqrt{a}$

減法 $\rightarrow m\sqrt{a}-n\sqrt{a}=(m-n)\sqrt{a}$

(1) 原式 $=(2+4)\sqrt{3}=6\sqrt{3}$

(2) 原式 $=(1+6)\sqrt{5}=7\sqrt{5}$

(3) 原式 $=(4-1)\sqrt{2}=3\sqrt{2}$

(4) 原式 $=(3-5)\sqrt{7}=-2\sqrt{7}$

**5** 解答　(1) $\dfrac{2\sqrt{7}}{7}$　(2) $4\sqrt{3}$　(3) $\dfrac{\sqrt{10}}{5}$

(4) $\dfrac{2\sqrt{2}}{3}$

解説

分母に $\sqrt{\ }$ をふくむ数を，分母に $\sqrt{\ }$ をふくまない数に変形することを，「分母を有理化する」という。

(1) 原式 $=\dfrac{2\times\sqrt{7}}{\sqrt{7}\times\sqrt{7}}=\dfrac{2\sqrt{7}}{7}$

(2) 原式 $=\dfrac{12\times\sqrt{3}}{\sqrt{3}\times\sqrt{3}}=\dfrac{12\sqrt{3}}{3}=4\sqrt{3}$

(3) 原式 $=\dfrac{\sqrt{2}\times\sqrt{5}}{\sqrt{5}\times\sqrt{5}}=\dfrac{\sqrt{10}}{5}$

(4) 原式 $=\dfrac{4\times\sqrt{2}}{3\sqrt{2}\times\sqrt{2}}=\dfrac{4\sqrt{2}}{6}=\dfrac{2\sqrt{2}}{3}$

**S T E P 2 合格力をつける問題**

**1 解答** (1) $-\dfrac{2}{3}$ (2) 2 (3) $-2$ (4) 27

(5) $-50$ (6) $-1$ (7) 8 (8) 1

(9) $-186$ (10) $-\dfrac{5}{9}$

**解説**

**わる数を逆数にして，乗法だけの式に直して計算する。**

(1) 原式 $=\dfrac{3}{10}\times\left(-\dfrac{5}{6}\right)\times\dfrac{8}{3}$

$=-\dfrac{\overset{1}{\cancel{3}}\times\overset{1}{\cancel{5}}\times\overset{4}{\cancel{8}}^{2}}{\underset{2}{\cancel{10}}\times\underset{1}{\cancel{6}}\times\underset{1}{\cancel{3}}}=-\dfrac{2}{3}$

(2) 原式 $=\dfrac{14}{15}\times\left(-\dfrac{5}{3}\right)\times\left(-\dfrac{9}{7}\right)$

$=+\dfrac{\overset{2}{\cancel{14}}\times\overset{1}{\cancel{5}}\times\overset{3}{\cancel{9}}^{1}}{\underset{3}{\cancel{15}}\times\underset{1}{\cancel{3}}\times\underset{1}{\cancel{7}}}=2$

**累乗→乗法・除法→加法・減法の順に計算する。**

(3) 原式 $=4+(-6)=4-6=-2$

(4) 原式 $=24-(-3)=24+3=27$

(5) 原式 $=-42+(-8)=-42-8=-50$

(6) 原式 $=-\dfrac{5}{9}\times\dfrac{27}{10}+\dfrac{3}{4}\div\dfrac{15}{10}$

$=-\dfrac{\overset{1}{\cancel{5}}}{\underset{1}{\cancel{9}}}\times\dfrac{\overset{3}{\cancel{27}}}{\underset{2}{\cancel{10}}}+\dfrac{\overset{1}{\cancel{3}}}{\underset{2}{\cancel{4}}}\times\dfrac{\overset{1}{\cancel{2}}}{\underset{1}{\cancel{3}}}=-\dfrac{3}{2}+\dfrac{1}{2}$

$=-\dfrac{2}{2}=-1$

(7) 原式 $=16-8=8$

**miss ミス対策** 累乗の計算は符号に注意。

$(-4)^{2}=(-4)\times(-4)=16,$

$-2^{3}=-(2\times2\times2)=-8$

(8) 原式 $=25-3\times8=25-24=1$

(9) 原式 $=3\times(-8)-18\times9$

$=-24-162=-186$

(10) 原式 $=-\dfrac{\overset{1}{\cancel{5}}}{\underset{3}{\cancel{9}}}\times\dfrac{\overset{21}{\cancel{6}}}{\underset{21}{\cancel{10}}}-2\times\dfrac{1}{9}$

$=-\dfrac{1}{3}-\dfrac{2}{9}=-\dfrac{3}{9}-\dfrac{2}{9}=-\dfrac{5}{9}$

**2 解答** (1) $6\sqrt{5}$ (2) $2\sqrt{3}$ (3) 0

(4) $6\sqrt{6}$ (5) $2\sqrt{3}$ (6) $-5\sqrt{2}$

**解説**

**根号の中をできるだけ小さい整数に直して計算する。**

(1) 原式 $=2\sqrt{5}+4\sqrt{5}=6\sqrt{5}$

(2) 原式 $=3\times2\sqrt{3}-4\sqrt{3}$

$=6\sqrt{3}-4\sqrt{3}=2\sqrt{3}$

(3) 原式 $=-2\sqrt{7}+3\sqrt{7}-\sqrt{7}=0$

(4) 原式 $=3\sqrt{6}-2\sqrt{6}+5\sqrt{6}=6\sqrt{6}$

(5) 原式 $=5\sqrt{3}-\dfrac{9\times\sqrt{3}}{\sqrt{3}\times\sqrt{3}}$

$=5\sqrt{3}-\dfrac{9\sqrt{3}}{3}=5\sqrt{3}-3\sqrt{3}=2\sqrt{3}$

(6) 原式 $=\sqrt{2}-2\sqrt{2}-\dfrac{8\times\sqrt{2}}{\sqrt{2}\times\sqrt{2}}$

$=\sqrt{2}-2\sqrt{2}-\dfrac{8\sqrt{2}}{2}$

$=\sqrt{2}-2\sqrt{2}-4\sqrt{2}=-5\sqrt{2}$

**3 解答** (1) $2\sqrt{3}-6$ (2) $5\sqrt{3}+7$

(3) $7+4\sqrt{3}$ (4) $-4-\sqrt{2}$ (5) $-9$

(6) 8

**解説**

(1) まず，**分配法則 $a(b+c)=ab+ac$** を使ってかっこをはずす。

原式 $=\sqrt{3}\times7-\sqrt{3}\times2\sqrt{3}-5\sqrt{3}$

$=7\sqrt{3}-6-5\sqrt{3}=2\sqrt{3}-6$

(2) 原式 $=7\sqrt{3}+7-\dfrac{6\times\sqrt{3}}{\sqrt{3}\times\sqrt{3}}$

$=7\sqrt{3}+7-\dfrac{6\sqrt{3}}{3}=7\sqrt{3}+7-2\sqrt{3}$

$$=5\sqrt{3}+7$$

**乗法公式**（くわしくは本冊 p.20）を
**利用してかっこをはずす。**

(3)　原式$=(\sqrt{3})^2+2\times\sqrt{3}\times2+2^2$
　　$=3+4\sqrt{3}+4=7+4\sqrt{3}$

(4)　原式$=(\sqrt{2})^2+(2-3)\times\sqrt{2}+2\times(-3)$
　　$=2-\sqrt{2}-6=-4-\sqrt{2}$

(5)　原式$=(\sqrt{7})^2-4^2=7-16=-9$

(6)　原式$=(\sqrt{2})^2+2\times\sqrt{2}\times\sqrt{6}+(\sqrt{6})^2-4\sqrt{3}$
　　$=2+2\times\sqrt{2}\times\sqrt{2}\times\sqrt{3}+6-4\sqrt{3}$
　　$=8+4\sqrt{3}-4\sqrt{3}=8$

**④ 解答**　(1)①2　②3　③5　④7
　　(2) $210=2\times3\times5\times7$

── 解説 ──

　自然数を素因数の積で表すことを**素因数分解する**という。

**素因数分解の手順**
① 小さい素数から順にわっていく。
② 商が素数になったらやめる。
③ わった数と最後の商との積の形で表す。

**⑤ 解答**　(1) $110=2\times5\times11$
　　(2) $72=2^3\times3^2$

── 解説 ──

(1)　$\begin{array}{r}2\,)\underline{1\,1\,0}\\5\,)\underline{\ \ 5\,5}\\1\,1\end{array}$　　(2)　$\begin{array}{r}2\,)\underline{7\,2}\\2\,)\underline{3\,6}\\2\,)\underline{1\,8}\\3\,)\underline{\ \ 9}\\3\end{array}$

**STEP 3** ── **ゆとりで合格の問題**

**① 解答**　(1) $-\dfrac{3}{20}$　(2) $-18$　(3) $-3\sqrt{3}$
　　(4) $36$　(5) $-9$　(6) $2\sqrt{6}$

── 解説 ──

**計算の順序に注意して**，ていねいに
計算していく。

---

(1)　原式$=\dfrac{1}{2}-\left(\dfrac{1}{5}-\dfrac{3}{10}\right)+\left(-\dfrac{3}{4}\right)$
　　$=\dfrac{1}{2}-\left(\dfrac{2}{10}-\dfrac{3}{10}\right)+\left(-\dfrac{3}{4}\right)$
　　$=\dfrac{1}{2}-\left(-\dfrac{1}{10}\right)+\left(-\dfrac{3}{4}\right)=\dfrac{1}{2}+\dfrac{1}{10}-\dfrac{3}{4}$
　　$=\dfrac{10}{20}+\dfrac{2}{20}-\dfrac{15}{20}=\dfrac{12}{20}-\dfrac{15}{20}=-\dfrac{3}{20}$

(2)　原式$=-4-\left(\dfrac{9}{4}+\dfrac{5}{4}\right)\div\left(-\dfrac{1}{2}\right)^2$
　　$=-4-\dfrac{14}{4}\div\dfrac{1}{4}=-4-\dfrac{7}{2}\times4$
　　$=-4-14=-18$

(3)　原式$=\dfrac{3\sqrt{3}}{3}-\dfrac{18\sqrt{3}}{3}+\sqrt{\dfrac{24}{2}}$
　　$=\sqrt{3}-6\sqrt{3}+\sqrt{12}=\sqrt{3}-6\sqrt{3}+2\sqrt{3}$
　　$=-3\sqrt{3}$

(4)　原式$=(6+6\sqrt{6}+9)+(18-6\sqrt{6}+3)$
　　$=15+6\sqrt{6}+21-6\sqrt{6}=36$

(5)　原式$=(\sqrt{2}+\sqrt{5})(3\sqrt{2}-3\sqrt{5})$
　　$=3(\sqrt{2}+\sqrt{5})(\sqrt{2}-\sqrt{5})$
　　$=3\times(2-5)=3\times(-3)=-9$

(6)　$\sqrt{2}+\sqrt{3}=A$ とおくと，
　　原式$=(A+\sqrt{5})(A-\sqrt{5})$
　　$=A^2-(\sqrt{5})^2=(\sqrt{2}+\sqrt{3})^2-5$
　　$=2+2\sqrt{6}+3-5=2\sqrt{6}$

# ② 式の計算①

問題：**17**ページ

**STEP 1** ── **基本の問題**

**① 解答**　(1) $-x$　(2) $-3a-5$　(3) $-8x$
　　(4) $32a$　(5) $7y-9$　(6) $-2a+10$
　　(7) $2x+5$　(8) $-2a+3$

── 解説 ──

(1)　原式$=(3+1-5)x=-x$

(2)　原式$=(4-7)a-3-2=-3a-5$

(3)　原式$=2\times(-4)\times x=-8x$

(4)　**除法は，わる数の逆数を使って，**

**乗法に直して計算する。**

$$原式 = -24a \times \left(-\frac{4}{3}\right)$$

$$= (-24) \times \left(-\frac{4}{3}\right) \times a = 32a$$

(5) 　原式 $= 5y - 4 + 2y - 5 = 7y - 9$

(6) 　$-(\ )$ は，各項の符号を変えて
　　$(\ )$ をはずす。

　　$原式 = a + 3 - 3a + 7 = -2a + 10$

**miss ミス対策** $-(\ )$ の $(\ )$ をはずすとき，

後ろの項の符号の変え忘れに注意。

　　$-(3a - 7) = -3a - 7$

(7) 　原式 $= \frac{1}{6} \times 12x + \frac{1}{6} \times 30 = 2x + 5$

(8) 　原式 $= \frac{6a}{-3} - \frac{9}{-3} = -2a - (-3)$

　　$= -2a + 3$

**2 解答** 　(1) $-4x - 3y$ 　(2) $-2a + 11b$

　　(3) $-12ab$ 　(4) $18x^2y$ 　(5) $3a$

　　(6) $-10y$ 　(7) $-2x + 3$ 　(8) $5a$

**解説**

(1) 　原式 $= (4 - 8)x + (-7 + 4)y$

　　$= -4x + (-3y) = -4x - 3y$

(2) 　原式 $= 3a + 4b - 5a + 7b = -2a + 11b$

(3) 　原式 $= 4 \times (-3) \times a \times b = -12ab$

(4) 　まず，累乗の部分を計算する。

　　$原式 = 9x^2 \times 2y = 18x^2y$

(5) 　原式 $= \frac{15ab}{5b} = 3a$

(6) 　原式 $= -6xy \times \frac{5}{3x} = -\frac{6xy \times 5}{3x} = -10y$

**miss ミス対策** $\frac{3}{5}x$ の逆数を $\frac{5}{3}x$ とするミス

に注意。$\frac{3}{5}x = \frac{3x}{5}$ より，逆数は $\frac{5}{3x}$

(7) 　原式 $= (8x - 12) \times \left(-\frac{1}{4}\right) = -2x + 3$

(8) 　原式 $= 3a + 2 + 2a - 2 = 5a$

**3 解答** 　(1) $6ab + 4ac$

　　(2) $-6x^2 + 15xy$ 　(3) $4x + 3y$

(4) $-10a - 15b$

**解説**

(1) 　原式 $= 2a \times 3b + 2a \times 2c = 6ab + 4ac$

(2) 　原式 $= 2x \times (-3x) - 5y \times (-3x)$

　　$= -6x^2 + 15xy$

(3) 　原式 $= \frac{8x^2}{2x} + \frac{6xy}{2x} = 4x + 3y$

(4) 　原式 $= (2a^2b + 3ab^2) \times \left(-\frac{5}{ab}\right)$

　　$= 2a^2b \times \left(-\frac{5}{ab}\right) + 3ab^2 \times \left(-\frac{5}{ab}\right)$

　　$= -10a - 15b$

**S T E P 2 合格力をつける問題**

**1 解答** 　(1) $-\frac{3}{20}x$ 　(2) $8x + 2y - 10$

　　(3) $\frac{5}{12}x - 10$ 　(4) $-0.4x + 0.2$

　　(5) $12a - 9$ 　(6) $-12x + 16$

**解説**

(1) 　原式 $= \left(\frac{1}{4} - \frac{2}{5}\right)x = \left(\frac{5}{20} - \frac{8}{20}\right)x$

　　$= -\frac{3}{20}x$

(2) 　原式 $= 5x - 2 + 3x + 2y - 8$

　　$= 8x + 2y - 10$

(3) 　原式 $= \frac{2}{3}x - 7 - \frac{1}{4}x - 3$

　　$= \left(\frac{2}{3} - \frac{1}{4}\right)x - 10 = \left(\frac{8}{12} - \frac{3}{12}\right)x - 10$

　　$= \frac{5}{12}x - 10$

(4) 　原式 $= 1.2x - 0.7 - 1.6x + 0.9$

　　$= -0.4x + 0.2$

(5) 　原式 $= \overset{3}{15} \times \frac{4a - 3}{5} = 3(4a - 3)$
　　　　　　　　　　　　$\underset{1}{}$

　　$= 12a - 9$

(6) 　原式 $= (9x - 12) \times \left(-\frac{4}{3}\right)$

　　$= -12x + 16$

**2 解答** 　(1) $10x - 9y$ 　(2) $-x - 7y$

　　(3) $6x + 9y$ 　(4) $x + y$ 　(5) $1.7x - 0.05$

(6) $-2.4x-0.2$

─ 解説 ─

**分配法則を使ってかっこをはずし，同類項や数の項をまとめる。**

(1) 原式 $=4x-12y+6x+3y$
$=10x-9y$

(2) 原式 $=-6x+8y+5x-15y$
$=-x-7y$

(3) 原式 $=12x-3y-6x+12y$
$=6x+9y$

(4) 原式 $=21x-35y-20x+36y$
$=x+y$

(5) 原式 $=0.9x-0.15+0.8x+0.1$
$=1.7x-0.05$

(6) 原式 $=2.4x-0.36-4.8x+0.16$
$=-2.4x-0.2$

**③ 解答** (1) $6x^3y^4$ (2) $-3x^5y^4$
(3) $-18a$ (4) $\dfrac{5}{2}y$ (5) $\dfrac{3y}{x}$ (6) $3x$
(7) $\dfrac{4}{5}xy$ (8) $\dfrac{1}{2}$

─ 解説 ─

(1) **係数の積に文字の積をかける。**
原式 $=(-3)\times(-2)\times x^2y^2\times xy^2$
$=6x^3y^4$

(2) **累乗の部分を先に計算する。**
原式 $=\dfrac{1}{9}x^2y\times(-27x^3y^3)=-3x^5y^4$

(3) **わる式を逆数にしてかける。**
原式 $=12a^2b\times\left(-\dfrac{3}{2ab}\right)$
$=-\dfrac{12a^2b\times3}{2ab}=-18a$

(4) 原式 $=\dfrac{5}{8}x^2y^3\div\dfrac{1}{4}x^2y^2=\dfrac{5}{8}x^2y^3\times\dfrac{4}{x^2y^2}$
$=\dfrac{5x^2y^3\times4}{8\times x^2y^2}=\dfrac{5}{2}y$

(5) **わる式の逆数をかけて，乗法だけの式に直して計算する。**

原式 $=\dfrac{24xy^3\times2x}{16x^3y^2}=\dfrac{3y}{x}$

(6) 原式 $=-27x^3y^3\div9xy^2\div(-xy)$
$=-27x^3y^3\times\dfrac{1}{9xy^2}\times\left(-\dfrac{1}{xy}\right)$
$=\dfrac{\overset{3}{\cancel{27}}x^{\cancel{3}}y^{\cancel{3}}}{\underset{1}{\cancel{9}}\cancel{x}\cancel{y^2}\times\cancel{x}\cancel{y}}=3x$

(7) 原式 $=\dfrac{14}{15}x^2\times\dfrac{9}{16}x^2y^2\times\dfrac{32}{21x^3y}$
$=\dfrac{\overset{2}{\cancel{14}}x^2\times\overset{3}{\cancel{9}}x^2y^2\times\overset{2}{\cancel{32}}}{\underset{5}{\cancel{15}}\times\underset{1}{\cancel{16}}\times\underset{1}{\cancel{21}}x^3y}=\dfrac{4}{5}xy$

(8) 原式 $=\dfrac{7}{16}x^4y^3\div\dfrac{49}{36}x^6y^4\times\dfrac{14}{9}x^2y$
$=\dfrac{7}{16}x^4y^3\times\dfrac{36}{49x^6y^4}\times\dfrac{14}{9}x^2y$
$=\dfrac{\overset{1}{\cancel{7}}x^4y^3\times\overset{1}{\cancel{36}}\times\overset{1}{\cancel{14}}x^2y}{\underset{4}{\cancel{16}}\times\underset{7}{\cancel{49}}x^6y^4\times\underset{1}{\cancel{9}}}=\dfrac{1}{2}$

**④ 解答** (1) $\dfrac{7a-1}{6}$ (2) $\dfrac{7x+5y}{8}$
(3) $\dfrac{3x+8y}{6}$ (4) $\dfrac{2x+4y}{9}$
(5) $\dfrac{5x-5y}{18}$ (6) $\dfrac{x-6y}{3}$

─ 解説 ─

**通分して，分子を計算して同類項や数の項をまとめる。**

(1) 原式 $=\dfrac{3(5a-1)+2(-4a+1)}{6}$
$=\dfrac{15a-3-8a+2}{6}=\dfrac{7a-1}{6}$

**mis ミス対策** 式の計算では，方程式のように分母をはらうことはできない。
$\left(\dfrac{5a-1}{2}+\dfrac{-4a+1}{3}\right)\times6$
$=3(5a-1)+2(-4a+1)$
としないように注意する。

(2) 原式 $=\dfrac{4(x+3y)+(3x-7y)}{8}$
$=\dfrac{4x+12y+3x-7y}{8}=\dfrac{7x+5y}{8}$

(3) 原式 $= \dfrac{6(x+y)-(3x-2y)}{6}$

$= \dfrac{6x+6y-3x+2y}{6} = \dfrac{3x+8y}{6}$

(4) 原式 $= \dfrac{3(2x+3y)-(4x+5y)}{9}$

$= \dfrac{6x+9y-4x-5y}{9} = \dfrac{2x+4y}{9}$

(5) 原式 $= \dfrac{2(7x-4y)-3(3x-y)}{18}$

$= \dfrac{14x-8y-9x+3y}{18} = \dfrac{5x-5y}{18}$

(6) 原式 $= \dfrac{3(5x-6y)-(11x+6y)}{12}$

$= \dfrac{15x-18y-11x-6y}{12} = \dfrac{4x-24y}{12}$

$= \dfrac{x-6y}{3}$

**⑤ 解答** (1) $a = \dfrac{2S}{b}$  (2) $y = \dfrac{-3x+5}{7}$

(3) $c = 4a-2b$  (4) $a = \dfrac{2S}{h}-b$

**解説**

**方程式を解く要領で，〔 〕内の文字について解く。**

(1) 両辺を入れかえて，$\dfrac{1}{2}ab = S$

両辺に 2 をかけて，$ab = 2S$

両辺を $b$ でわって，$a = \dfrac{2S}{b}$

(2) $3x$ を移項して，$7y = -3x+5$

両辺を 7 でわって，$y = \dfrac{-3x+5}{7}$

(3) 両辺を入れかえて，$\dfrac{1}{2}b + \dfrac{1}{4}c = a$

両辺に 4 をかけて，$2b+c = 4a$

$2b$ を移項して，$c = 4a-2b$

(4) 両辺を入れかえて，$\dfrac{(a+b)h}{2} = S$

両辺に 2 をかけて，$(a+b)h = 2S$

両辺を $h$ でわって，$a+b = \dfrac{2S}{h}$

$b$ を移項して，$a = \dfrac{2S}{h}-b$

**⑥ 解答** (1) $2a^2b^2-ab^3+4ab^2c$

(2) $1-2y$  (3) $6x^2-xy-2y^2$

(4) $x^2y-xy$

**解説**

(1) 原式

$= \dfrac{1}{3}ab^2 \times 6a - \dfrac{1}{3}ab^2 \times 3b + \dfrac{1}{3}ab^2 \times 12c$

$= 2a^2b^2-ab^3+4ab^2c$

(2) 原式 $= (x^2y^2-2x^2y^3) \div x^2y^2$

$= (x^2y^2-2x^2y^3) \times \dfrac{1}{x^2y^2} = \dfrac{x^2y^2}{x^2y^2} - \dfrac{2x^2y^3}{x^2y^2}$

$= 1-2y$

**(3)(4)は，まず符号に注意して（ ）をはずす。**

(3) 原式 $= 6x^2-3xy+2xy-2y^2$

$= 6x^2-xy-2y^2$

(4) 原式 $= 2x^2y-3xy+2xy-x^2y$

$= x^2y-xy$

**S T E P 3 — ゆとりで合格の問題**

**① 解答** (1) $\dfrac{x+6}{12}$  (2) $\dfrac{7}{30}a+8b+3$

(3) $-\dfrac{x}{y}$

**解説**

(1) 原式 $= \dfrac{3(5x-2)-4(5x+3)+6(x+4)}{12}$

$= \dfrac{15x-6-20x-12+6x+24}{12}$

$= \dfrac{x+6}{12}$

(2) 原式 $= \dfrac{2}{5}a+5b+\dfrac{1}{3}a-4b-\dfrac{1}{2}a+7b+3$

$= \dfrac{12}{30}a+\dfrac{10}{30}a-\dfrac{15}{30}a+8b+3 = \dfrac{7}{30}a+8b+3$

(3) 原式 $= \left(-\dfrac{y^9}{x^3}\right) \div \dfrac{81y^2}{x^8} \times \dfrac{81}{x^4y^8}$

$= \left(-\dfrac{y^9}{x^3}\right) \times \dfrac{x^8}{81y^2} \times \dfrac{81}{x^4y^8}$

$= -\dfrac{y^9 \times x^8 \times 81}{x^3 \times 81y^2 \times x^4y^8} = -\dfrac{x}{y}$

# ③ 式の計算②

問題:21ページ

## STEP 1 — 基本の問題

**1** 解答　(1) $ab+5a+3b+15$

(2) $x^2+5x+6$　(3) $x^2-11x+28$

(4) $x^2+2x-48$　(5) $x^2+2x+1$

(6) $y^2-8y+16$　(7) $x^2-25$

(8) $a^2-64$

### 解説

(1) **$(a+b)(c+d)=ac+ad+bc+bd$**

原式 $=a\times b+a\times 5+3\times b+3\times 5$

$=ab+5a+3b+15$

**(2)〜(8)は，乗法公式を利用する。**

(2) 原式 $=x^2+(2+3)x+2\times 3$

$=x^2+5x+6$

(3) 原式

$=x^2+\{(-7)+(-4)\}x+(-7)\times(-4)$

$=x^2-11x+28$

(4) 原式 $=x^2+\{(-6)+8\}x+(-6)\times 8$

$=x^2+2x-48$

(5) 原式 $=x^2+2\times x\times 1+1^2$

$=x^2+2x+1$

(6) 原式 $=y^2-2\times y\times 4+4^2$

$=y^2-8y+16$

(7) 原式 $=x^2-5^2=x^2-25$

(8) 原式 $=a^2-8^2=a^2-64$

**2** 解答　(1) $3a(2b-a)$

(2) $2xy(2x+3y-1)$

(3) $(x+3)(x+4)$　(4) $(x+4)(x-5)$

(5) $(x+3)^2$　(6) $(x-6)^2$

(7) $(x+3)(x-3)$　(8) $(2a+1)(2a-1)$

### 解説

(1)(2)は，共通因数をくくり出す。

(3)〜(8)は，因数分解の公式(乗法公式を逆向きに使う)を利用する。

(1) 共通因数 $3a$ をくくり出す。

原式 $=3a\times 2b-3a\times a=3a(2b-a)$

**ミス対策** (2) 共通因数はすべてくくり出すこと。

$xy(4x+6y-2)$ や $2x(2xy+3y^2-y)$

では不十分である。

(3) 和が 7，積が 12 になる 2 数は 3 と

4 だから，

原式 $=x^2+(3+4)x+3\times 4$

$=(x+3)(x+4)$

(4) 和が $-1$，積が $-20$ になる 2 数は

4 と $-5$ だから，

原式 $=x^2+\{4+(-5)\}x+4\times(-5)$

$=(x+4)(x-5)$

(5) 原式 $=x^2+2\times x\times 3+3^2=(x+3)^2$

(6) 原式 $=x^2-2\times x\times 6+6^2=(x-6)^2$

(7) 原式 $=x^2-3^2=(x+3)(x-3)$

(8) 原式 $=(2a)^2-1^2=(2a+1)(2a-1)$

**3** 解答　(1) $10201$　(2) $50$

### 解説

(1) 101 を $100+1$ とみて，乗法公式を

利用する。

$101^2=(100+1)^2$

$=100^2+2\times 100\times 1+1^2$

$=10000+200+1=10201$

(2) $a^2-b^2=(a+b)(a-b)$ を利用する。

$7.5^2-2.5^2=(7.5+2.5)(7.5-2.5)$

$=10\times 5=50$

## STEP 2 — 合格力をつける問題

**1** 解答　(1) $3x^2-7xy-40y^2$

(2) $a^2-ab-2b^2-2a+4b$

(3) $a^2+4ab-12b^2$　(4) $4a^2-20ab+25b^2$

(5) $4x^2+2xy+\dfrac{1}{4}y^2$　(6) $9a^2-16$

(1) 原式 $=3x^2+8xy-15xy-40y^2$
$=3x^2-7xy-40y^2$

(2) 原式 $=a(a-2b)+b(a-2b)-2(a-2b)$
$=a^2-2ab+ab-2b^2-2a+4b$
$=a^2-ab-2b^2-2a+4b$

(3) 原式 $=a^2+(6b-2b)a+6b\times(-2b)$
$=a^2+4ab-12b^2$

(4) 原式 $=(2a)^2-2\times2a\times5b+(5b)^2$
$=4a^2-20ab+25b^2$

(5) 原式 $=(2x)^2+2\times2x\times\dfrac{1}{2}y+\left(\dfrac{1}{2}y\right)^2$
$=4x^2+2xy+\dfrac{1}{4}y^2$

(6) 原式 $=(3a)^2-4^2=9a^2-16$

**②** 解答  (1) $27x^2-35y^2$
(2) $2x^2+2x-6$  (3) $-25x$
(4) $5x^2+8x+5$  (5) $-10x+41$  (6) $xy$

(多項式)×(多項式)の部分を展開して，同類項をまとめる。

(1) 原式 $=27x^2+45xy-21xy-35y^2-24xy$
$=27x^2-35y^2$

(2) 原式 $=x^2+x-6+x^2+x$
$=2x^2+2x-6$

(3) 原式 $=x^2-12x+36-(x^2+13x+36)$
$=x^2-12x+36-x^2-13x-36=-25x$

(4) 原式 $=4x^2+4x+1+x^2+4x+4$
$=5x^2+8x+5$

(5) 原式 $=x^2-10x+25-(x^2-16)$
$=x^2-10x+25-x^2+16=-10x+41$

(6) 原式 $=x^2-4xy+4y^2-(x^2-5xy+4y^2)$
$=x^2-4xy+4y^2-x^2+5xy-4y^2=xy$

**③** 解答  (1) $(x-3y)(x-5y)$
(2) $(x+9y)(x-2y)$  (3) $(2x+3y)^2$
(4) $(x+5y)(x-5y)$
(5) $2x(x+2)(x-6)$

(6) $x(x+6)(x-6)$  (7) $3a(x+3)^2$
(8) $a(x+2y)(x-y)$

(1) 原式 $=x^2+\{(-3y)+(-5y)\}x$
$\qquad\qquad +(-3y)\times(-5y)$
$=(x-3y)(x-5y)$

(2) 原式
$=x^2+\{9y+(-2y)\}x+9y\times(-2y)$
$=(x+9y)(x-2y)$

(3) 原式 $=(2x)^2+2\times2x\times3y+(3y)^2$
$=(2x+3y)^2$

(4) 原式 $=x^2-(5y)^2$
$=(x+5y)(x-5y)$

(5)〜(8)は，まず共通因数をくくり出し，さらにかっこの中の多項式を因数分解する。

(5) 原式 $=2x(x^2-4x-12)$
$=2x(x+2)(x-6)$

**miss** ミス対策 共通因数をくくり出しただけでは不十分である。さらに，公式を使って因数分解できないかどうか考えるようにする。

(6) 原式 $=x(x^2-36)=x(x+6)(x-6)$
(7) 原式 $=3a(x^2+6x+9)=3a(x+3)^2$
(8) 原式 $=a(x^2+xy-2y^2)$
$=a(x+2y)(x-y)$

**④** 解答  (1) $(x+y+2)(x-y+2)$
(2) $(x-5)^2$  (3) $(x+3)(x+2)$
(4) $(x-2y)(x+y)$
(5) $(x-y)(x+y+1)$
(6) $(x+y)(x+y-3)$

(1)〜(4)は，式の中の共通部分を1つの文字におきかえて，公式を利用する。

(5)(6)は，いくつかの項を組み合わせて，組み合わせた項を部分的に因数分

解する。

(1) $x+2=A$ とおくと,

原式 $=A^2-y^2=(A+y)(A-y)$

$=(x+2+y)(x+2-y)$

$=(x+y+2)(x-y+2)$

(2) $x-3=A$ とおくと,

原式 $=A^2-4A+4=(A-2)^2$

$=\{(x-3)-2\}^2=(x-5)^2$

(3) $x+5=A$ とおくと,

原式 $=A^2-5A+6=(A-2)(A-3)$

$=(x+5-2)(x+5-3)=(x+3)(x+2)$

(4) $x-2y=A$ とおくと,

原式 $=(x-y)A+2yA=A(x-y+2y)$

$=(x-2y)(x-y+2y)=(x-2y)(x+y)$

(5) 原式 $=(x+y)(x-y)+(x-y)$

$=(x-y)\{(x+y)+1\}=(x-y)(x+y+1)$

(6) 原式 $=(x+y)^2-3(x+y)$

$=(x+y)\{(x+y)-3\}=(x+y)(x+y-3)$

**⑤ 解答**　(1) 4　(2) 9

**解説**

(1) 原式 $=(93^2-92^2)-(91^2-90^2)$

$=(93+92)(93-92)-(91+90)(91-90)$

$=185\times1-181\times1=185-181=4$

(2) 原式 $=208^2-2\times208\times205+205^2$

$=(208-205)^2=3^2=9$

**STEP 3 ゆとりで合格の問題**

**① 解答**　(1) $-40xy$

(2) $x(x-3)(x^2-3x+3)$

(3) $(x-1)^2(x+1)(x-3)$

(4) $-1260$

**解説**

(1) 原式 $=4x^2-12xy+9y^2$

$-4(5x^2+2xy+5xy+2y^2)+(16x^2-y^2)$

$=4x^2-12xy+9y^2-20x^2-28xy-8y^2+16x^2-y^2$

$=-40xy$

(2) $x^2-3x+1=A$ とおくと,

原式 $=A^2+A-2=(A-1)(A+2)$

$=(x^2-3x+1-1)(x^2-3x+1+2)$

$=(x^2-3x)(x^2-3x+3)$

$=x(x-3)(x^2-3x+3)$

(3) $x^2-2x=A$ とおくと,

原式 $=A(A-2)-3=A^2-2A-3$

$=(A+1)(A-3)$

$=(x^2-2x+1)(x^2-2x-3)$

$=(x-1)^2(x+1)(x-3)$

(4) $422=A$ とおくと,

原式 $=A^2+(A-1)(A-5)-A(A-3)$

$\qquad\qquad -(A-1)(A+1)$

$=A^2+A^2-6A+5-A^2+3A-A^2+1$

$=-3A+6=-3(A-2)$

$=-3\times420=-1260$

# ④ 方程式

問題:**25**ページ

**STEP 1　基本の問題**

**① 解答**　(1) $x=2$　(2) $x=-7$

(3) $x=-3$　(4) $x=5$

**解説**

**基本的な1次方程式の解き方**

①文字の項を左辺に，数の項を右辺に移項する。

②両辺を計算して $ax=b$ の形にする。

③両辺を $x$ の係数 $a$ でわる。

(1) $4x+7=15$, $4x=15-7$, $4x=8$,

$x=2$

(2) $5x+14=3x$, $5x-3x=-14$,

$2x=-14$, $x=-7$

(3) $-9x=3-8x$, $-9x+8x=3$,

$-x=3$, $x=-3$

(4) $8x-3=7x+2$, $8x-7x=2+3$,

$x=5$

**2 解答** (1) $x=6$　(2) $x=24$

**解説**

比例式の性質 $a:b=c:d$ ならば，$ad=bc$ を利用して，$x$ についての方程式をつくり解く。

(1) $x:9=2:3$，$3x=18$，$x=6$

(2) $20:5=x:6$，$120=5x$，$x=24$

**3 解答** (1) $x=3$，$y=-2$
(2) $x=-4$，$y=3$　(3) $x=1$，$y=-4$
(4) $x=2$，$y=1$

**解説**

**加減法**…左辺どうし，右辺どうしを，たすかひくかして，1つの文字を消去する方法。

**代入法**…一方の式をもう一方の式に代入して，1つの文字を消去する方法。

(1)
$$\begin{array}{r} 2x-y=\ 8 \\ +)\ x+y=\ 1 \\ \hline 3x\ \ \ \ \ =\ 9 \end{array} \rightarrow x=3$$
$x=3$ を下の式に代入して，
$3+y=1$，$y=-2$

(2) （下の式）−（上の式）より，
$5y=15$，$y=3$
$y=3$ を上の式に代入して，
$3x+2\times3=-6$，$3x+6=-6$，
$3x=-12$，$x=-4$

(3) 下の式を上の式に代入して，
$4x-(x-5)=8$，$4x-x+5=8$，
$3x=3$，$x=1$
$x=1$ を下の式に代入して，
$y=1-5=-4$

(4) （上の式）+（下の式）×2 より，
$$\begin{array}{r} x+2y=\ 4 \\ +)6x-2y=10 \\ \hline 7x\ \ \ \ \ =14 \end{array} \rightarrow x=2$$

$x=2$ を上の式に代入して，
$2+2y=4$，$2y=2$，$y=1$

**4 解答** (1) $x=\pm4$　(2) $x=\pm\sqrt{7}$
(3) $x=-2\pm\sqrt{5}$　(4) $x=4$，$x=-2$
(5) $x=-2$，$x=5$　(6) $x=1$，$x=3$

**解説**

(1)〜(4)は，平方根の考え方を使って解く。(3)は $x+2$ を，(4)は $x-1$ をひとまとまりとみる。(5)(6)は，因数分解の考え方を使って解く。

(1) $x^2-16=0$，$x^2=16$，$x=\pm4$

(2) $7x^2=49$，$x^2=7$，$x=\pm\sqrt{7}$

(3) $(x+2)^2-5=0$，$(x+2)^2=5$，
$x+2=\pm\sqrt{5}$，$x=-2\pm\sqrt{5}$

(4) $(x-1)^2=9$，$x-1=\pm3$，$x=1\pm3$，
$x=1+3=4$，$x=1-3=-2$

(5) $x+2=0$ より，$x=-2$
$x-5=0$ より，$x=5$

(6) $x^2-4x+3=0$，$(x-1)(x-3)=0$，
$x=1$，$x=3$

**S T E P ② 合格力をつける問題**

**1 解答** (1) $x=2$　(2) $x=-3$
(3) $x=-6$　(4) $x=3$　(5) $x=1$
(6) $x=-2$　(7) $x=-\dfrac{7}{3}$　(8) $x=2$

**解説**

(1) $9x-5=3x+7$，$9x-3x=7+5$，
$6x=12$，$x=2$

(2) $4x-9=8x+3$，$4x-8x=3+9$，
$-4x=12$，$x=-3$

(3) かっこをはずすと，
$2x+10=x+4$，$x=-6$

(4) 両辺を **10** 倍して係数を整数にする。
$(5-0.7x)\times10=(0.8x+0.5)\times10$，
$50-7x=8x+5$，$-15x=-45$，$x=3$

(5) 両辺を 10 倍すると，

$0.5(3x-1)\times10=0.4(2x+0.5)\times10,$

$5(3x-1)=4(2x+0.5),$

$15x-5=8x+2,\ 7x=7,\ x=1$

(6) **両辺に分母の最小公倍数 8 をかける。**

$\left(\dfrac{1}{2}x+\dfrac{3}{4}\right)\times8=\left(-\dfrac{1}{8}x-\dfrac{1}{2}\right)\times8,$

$4x+6=-x-4,\ 5x=-10,\ x=-2$

(7) 両辺に 5 をかけると，

$\dfrac{x-6}{5}\times5=(2x+3)\times5,$

$x-6=10x+15,\ -9x=21,$

$x=-\dfrac{21}{9}=-\dfrac{7}{3}$

(8) 両辺に 12 をかけると，

$\dfrac{7x-2}{4}\times12=\dfrac{5x+8}{6}\times12,$

$3(7x-2)=2(5x+8),$

$21x-6=10x+16,\ 11x=22,\ x=2$

**② 解答** (1) $x=18$ (2) $x=3$

**解説**

(1) $\dfrac{2}{3}\times x=\dfrac{4}{5}\times15,\ \dfrac{2}{3}x=12,\ x=18$

(2) $(x+4):x=28:12,$

$12(x+4)=28x,\ 12x+48=28x,$

$-16x=-48,\ x=3$

**③ 解答** (1) $x=3,\ y=-4$

(2) $x=6,\ y=5$ (3) $x=5,\ y=8$

(4) $x=-2,\ y=-3$ (5) $x=-2,\ y=2$

(6) $x=3,\ y=5$ (7) $x=-\dfrac{1}{2},\ y=-\dfrac{1}{6}$

(8) $x=-3,\ y=3$

**解説**

(1) （上の式）×5－（下の式）より，

$$\begin{array}{r}15x+5y=\ \ 25\\ -)\ \ \ 4x+5y=-8\\ \hline 11x\qquad\ =\ \ 33\\ x\qquad\ =\ \ \ 3\end{array}$$

$x=3$ を上の式に代入して，

$9+y=5,\ y=-4$

(2) （上の式）×3＋（下の式）×2 より，

$$\begin{array}{r}-6x+9y=\ \ 9\\ +)\ \ \ 6x-8y=-4\\ \hline y=\ \ 5\end{array}$$

$y=5$ を下の式に代入して，

$3x-20=-2,\ 3x=18,\ x=6$

(3) 下の式に上の式を代入して，

$-4x+3(3x-7)=4,$

$-4x+9x-21=4,\ 5x=25,\ x=5$

$x=5$ を上の式に代入して，

$y=3\times5-7=8$

(4) 下の式に上の式を代入して，

$4x+5=-3x-9,\ 7x=-14,$

$x=-2$

$x=-2$ を上の式に代入して，

$y=4\times(-2)+5=-3$

(5) （上の式）×10 より，

$-4x+15y=38$ ……①

（下の式）×6 より，

$2x+5y=6$ ……②

①＋②×2 より，

$$\begin{array}{r}-4x+15y=38\\ +)\ \ \ 4x+10y=12\\ \hline 25y=50\\ y=\ \ 2\end{array}$$

$y=2$ を②に代入して，

$2x+10=6,\ 2x=-4,\ x=-2$

(6) （上の式）×10 より，$8x-3y=9\cdots$①

（下の式）×6 より，$3y=x+12\cdots$②

②を①に代入して，

$8x-(x+12)=9,\ 8x-x-12=9,$

$7x=21,\ x=3$

$x=3$ を②に代入して，

$3y=3+12,\ 3y=15,\ y=5$

(7) （上の式）×10 より，

$$4x-18y=1 \qquad \cdots\cdots ①$$

（下の式）×10 より，

$$-20x+6y=9 \qquad \cdots\cdots ②$$

①＋②×3 より，

$$
\begin{array}{r}
4x-18y=\ 1 \\
+)\ -60x+18y=27 \\
\hline
-56x\qquad\ =28 \\
x\qquad\ \ =-\dfrac{1}{2}
\end{array}
$$

$x=-\dfrac{1}{2}$ を②に代入して，

$$10+6y=9, \quad 6y=-1, \quad y=-\dfrac{1}{6}$$

(8) $A=B=C$ の形の連立方程式は，

$$
\begin{cases} A=B \\ A=C \end{cases}
\begin{cases} A=B \\ B=C \end{cases}
\begin{cases} A=C \\ B=C \end{cases}
$$

のいずれかの形に直して解く。

$$
\begin{cases} 2x-3y=-15 \qquad \cdots\cdots ① \\ 3x-2y=-15 \qquad \cdots\cdots ② \end{cases}
$$

①×2－②×3 より，

$$
\begin{array}{r}
4x-6y=-30 \\
-)\ \ 9x-6y=-45 \\
\hline
-5x\qquad\ =\ \ 15 \\
x\qquad\ =-\ 3
\end{array}
$$

$x=-3$ を①に代入して，

$$-6-3y=-15, \quad -3y=-9, \quad y=3$$

④ 解答　(1) $x=\pm\dfrac{4}{5}$

(2) $x=-6, \quad x=7$　(3) $x=\dfrac{3\pm\sqrt{5}}{2}$

(4) $x=1\pm3\sqrt{2}$　(5) $x=-5$

(6) $x=3\pm\sqrt{14}$　(7) $x=0, \quad x=1$

(8) $x=-12, \quad x=3$　(9) $x=\dfrac{3}{2}$

(10) $x=\dfrac{5\pm\sqrt{13}}{6}$

解説

(1) $25x^2-16=0, \quad 25x^2=16,$

$x^2=\dfrac{16}{25}, \quad x=\pm\dfrac{4}{5}$

(2) $x^2-x-42=0, \quad (x+6)(x-7)=0,$

$x=-6, \quad x=7$

(3) 解の公式に，$a=1, \ b=-3, \ c=1$

を代入して，

$$x=\dfrac{-(-3)\pm\sqrt{(-3)^2-4\times1\times1}}{2\times1}$$

$$=\dfrac{3\pm\sqrt{9-4}}{2}=\dfrac{3\pm\sqrt{5}}{2}$$

(4) $(x-1)^2-18=0, \quad (x-1)^2=18,$

$x-1=\pm\sqrt{18}, \quad x=1\pm3\sqrt{2}$

(5) $x^2+10x+25=0, \quad (x+5)^2=0$

$x=-5$

(6) 解の公式に，$a=1, \ b=-6, \ c=-5$

を代入して，

$$x=\dfrac{-(-6)\pm\sqrt{(-6)^2-4\times1\times(-5)}}{2\times1}$$

$$=\dfrac{6\pm\sqrt{36+20}}{2}=\dfrac{6\pm\sqrt{56}}{2}$$

$$=\dfrac{6\pm2\sqrt{14}}{2}=3\pm\sqrt{14}$$

【別解】$x^2-6x-5=0, \quad x^2-6x=5,$

$x^2-6x+9=5+9, \quad (x-3)^2=14,$

$x-3=\pm\sqrt{14}, \quad x=3\pm\sqrt{14}$

(7) $x^2=x, \quad x^2-x=0, \quad x(x-1)=0,$

$x=0, \quad x=1$

miss ミス対策　$x^2=x$ の両辺を $x$ でわって，$x=1$ としてはいけない。

(8) $x^2+9x-36=0, \quad (x+12)(x-3)=0,$

$x=-12, \quad x=3$

(9) $4x^2-12x+9=0, \quad (2x-3)^2=0,$

$x=\dfrac{3}{2}$

(10) 解の公式に，$a=3, \ b=-5, \ c=1$

を代入して，

$$x=\dfrac{-(-5)\pm\sqrt{(-5)^2-4\times3\times1}}{2\times3}$$

$$=\dfrac{5\pm\sqrt{25-12}}{6}=\dfrac{5\pm\sqrt{13}}{6}$$

⑤ 解答　(1) $x=-3, \quad x=6$　(2) $x=-2$

(3) $x=1$, $x=2$　(4) $x=-1$, $x=\dfrac{5}{2}$

❏ 解説 ❏

**まず展開して，式を整理する。**

(1)　$(x+2)(x-5)=8$, $x^2-3x-10=8$,
　　$x^2-3x-18=0$, $(x+3)(x-6)=0$,
　　$x=-3$, $x=6$

(2)　$(x+3)^2=2x+5$, $x^2+6x+9=2x+5$,
　　$x^2+4x+4=0$, $(x+2)^2=0$, $x=-2$

(3)　$2x(x-2)-(x+1)(x-2)=0$,
　　$2x^2-4x-(x^2-x-2)=0$,
　　$2x^2-4x-x^2+x+2=0$, $x^2-3x+2=0$,
　　$(x-1)(x-2)=0$, $x=1$, $x=2$

(4)　$(2x+1)(x-2)=3$, $2x^2-3x-2=3$,
　　$2x^2-3x-5=0$
$$x=\dfrac{-(-3)\pm\sqrt{(-3)^2-4\times2\times(-5)}}{2\times2}$$
$$=\dfrac{3\pm\sqrt{9+40}}{4}=\dfrac{3\pm\sqrt{49}}{4}=\dfrac{3\pm7}{4}$$
$$x=\dfrac{3+7}{4}=\dfrac{10}{4}=\dfrac{5}{2}, \quad x=\dfrac{3-7}{4}=-1$$

**S T E P 3** ゆとりで合格の問題

**1 解答**　(1) $x=144$　(2) $x=5$, $y=7$
　　　　(3) $x=-8$, $x=4$

❏ 解説 ❏

(1)　$\dfrac{1}{2}x-\dfrac{1}{6}\left(x-\dfrac{1}{4}\times\dfrac{5}{6}x\right)=53$,
　　$\dfrac{1}{2}x-\dfrac{1}{6}\times\dfrac{19}{24}x=53$, $\dfrac{1}{2}x-\dfrac{19}{144}x=53$,
　　$\dfrac{53}{144}x=53$, $x=144$

(2)　$\begin{cases} \dfrac{x+1}{3}=\dfrac{y+1}{4} & \cdots\cdots① \\ \dfrac{x+1}{3}=\dfrac{x+y}{6} & \cdots\cdots② \end{cases}$

　　①×12 より，$4x+4=3y+3$
　　整理して，$4x-3y=-1$　$\cdots\cdots③$
　　②×6 より，$2x+2=x+y$
　　整理して，$x-y=-2$　$\cdots\cdots④$

③，④を連立方程式として解くと，
　$x=5$, $y=7$

(3)　$x+3=A$ とおくと，
　　$A^2-2A-35=0$, $(A+5)(A-7)=0$,
　　$(x+3+5)(x+3-7)=0$,
　　$(x+8)(x-4)=0$, $x=-8$, $x=4$

# ❺ 関　数

問題：**29**ページ

**S T E P 1** 基本の問題

**1 解答**　(1)① $y=-3x$　② $y=-6$
　　　　(2)① $y=\dfrac{12}{x}$　② $y=-3$

❏ 解説 ❏

**$y$ が $x$ に比例するとき➡ $y=ax$,**
**反比例するとき➡ $y=\dfrac{a}{x}$ とおける。**

(1)①　$y=ax$ に $x=3$, $y=-9$ を代入
　　して，$-9=a\times3$, $a=-3$
　②　$y=-3x$ に $x=2$ を代入して，
　　　$y=-3\times2=-6$

(2)①　$y=\dfrac{a}{x}$に $x=2$, $y=6$ を代入して，
　　　$6=\dfrac{a}{2}$, $a=12$
　②　$y=\dfrac{12}{x}$に $x=-4$ を代入して，
　　　$y=\dfrac{12}{-4}=-3$

**2 解答**　(1) $y=-3x+3$
　　　　(2) $y=2x-5$

❏ 解説 ❏

**傾きが $a$，切片が $b$ の直線の式**
**➡ $y=ax+b$**

(1)　$y=-3x+b$ に $x=2$, $y=-3$ を
　　代入して，$-3=-3\times2+b$, $b=3$

(2)　求める直線は，点$(0, -5)$を通る
　　から，その式は $y=ax-5$ とおける。

$y=ax-5$ に $x=4$, $y=3$ を代入して，$3=a\times4-5$, $a=2$

**3 解答** (1)① $y=3x^2$ ② $y=12$ (2) 8

**解説**

(1)① $y$ は $x$ の 2 乗に比例するから，$y=ax^2$ とおける。この式に $x=3$, $y=27$ を代入して，$27=a\times3^2$, $a=3$

② $y=3x^2$ に $x=-2$ を代入して，$y=3\times(-2)^2=12$

(2) 変化の割合 $=\dfrac{y \text{ の増加量}}{x \text{ の増加量}}$

$x$ の増加量は，$3-1=2$

$y$ の増加量は，$2\times3^2-2\times1^2=16$

変化の割合は，$\dfrac{16}{2}=8$

**STEP 2 合格力をつける問題**

**1 解答** (1) $y=-35$ (2) ア…3, イ…6
(3) $a=-2$ (4) $a=-9$

**解説**

(1) $y$ は $x$ に比例するから，$y=ax$ とおける。

この式に $x=3$, $y=21$ を代入すると，$21=a\times3$, $a=7$

よって，式は，$y=7x$

この式に $x=-5$ を代入して，$y=7\times(-5)=-35$

(2) $y$ は $x$ に反比例するから，$y=\dfrac{a}{x}$ とおける。

この式に $x=-4$, $y=6$ を代入すると，$6=\dfrac{a}{-4}$, $a=-24$

よって，式は，$y=-\dfrac{24}{x}$

アは，この式に $x=-8$ を代入して，$y=-\dfrac{24}{-8}=3$

イは，この式に $y=-4$ を代入し

て，$-4=-\dfrac{24}{x}$, $x=6$

(3) $y=-3x$ に $x=a$, $y=6$ を代入して，$6=-3a$, $a=-2$

(4) $y=\dfrac{18}{x}$ に $x=-2$, $y=a$ を代入して，$a=\dfrac{18}{-2}=-9$

**2 解答** (1) $x=3$ (2) $y=2x-3$
(3) $y=-13$ (4) $y=-4x-3$
(5) $-5\leqq y\leqq7$

**解説**

(1) $y=3x-5$ に $y=4$ を代入して，$4=3x-5$, $-3x=-9$, $x=3$

(2) 1 次関数の式を $y=ax+b$ とおく。

$x=2$ のとき $y=1$ だから，$1=2a+b$

$x=6$ のとき $y=9$ だから，$9=6a+b$

この 2 つの式を連立方程式として解くと，$a=2$, $b=-3$

(3) $y=-\dfrac{2}{3}x-5$ に $x=12$ を代入して，

$y=-\dfrac{2}{3}\times12-5=-8-5=-13$

(4) 求める 1 次関数の式は $y=-4x+b$ とおける。この式に $x=-3$, $y=9$ を代入して，

$9=-4\times(-3)+b$, $b=-3$

(5) 1 次関数 $y=-2x+3$ のグラフは，傾きが負で，右下がりの直線になる。

$x=-2$ のとき，

$y=-2\times(-2)+3=7$

で，$y$ は最大値をとり，$x=4$ のとき，

$y=-2\times4+3=-5$

で，$y$ は最小値をとる。

$y=-2x+3$

**3 解答** (1) $y=-\dfrac{1}{5}x^2$ (2) $x=\pm2\sqrt{3}$
(3) $a=3$ (4) $0\leqq y\leqq8$ (5) $-4$
(6) $a=-3$

**解説**

(1) $y$ は $x$ の2乗に比例するから，$y=ax^2$ とおける。この式に $x=5$，$y=-5$ を代入して，
$$-5=a\times5^2,\quad a=-\frac{1}{5}$$

(2) $y$ は $x$ の2乗に比例するから，$y=ax^2$ とおける。この式に $x=3$，$y=18$ を代入して，$18=a\times3^2$，$a=2$
$y=2x^2$ に $y=24$ を代入して，
$$24=2x^2,\quad x^2=12,\quad x=\pm2\sqrt{3}$$

**ミス対策** 関数 $y=ax^2$ では，1つの $y$ の値に対応する $x$ の値は2つある。

(3) $y=ax^2$ に $x=2$，$y=12$ を代入して，$12=a\times2^2$，$a=3$

(4) $x$ の変域が $-2\leqq x\leqq4$ のとき，$y=\frac{1}{2}x^2$ のグラフは右の図の実線部分のようになる。

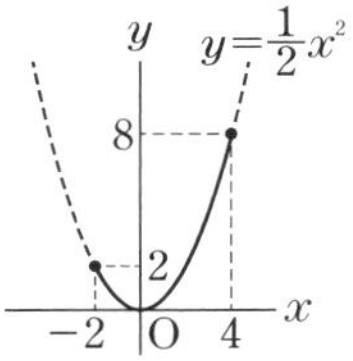

したがって，$x=0$ のとき $y=0$，$x=4$ のとき $y=8$ だから，$y$ の変域は，$0\leqq y\leqq8$

**ミス対策** $x$ の変域に0がふくまれているかどうかに注意する。0がふくまれているとき，関数 $y=ax^2$ は，$a>0$ ならば，$x=0$ のとき $y$ は最小値0をとり，$a<0$ ならば，$x=0$ のとき $y$ は最大値0をとる。

(5) $y$ の増加量は，$-\frac{1}{3}\times9^2-\left(-\frac{1}{3}\times3^2\right)=-24$ より，$-24\div(9-3)=-4$

(6) 関数 $y=ax^2$ で，$x$ の値が2から4まで増加するときの変化の割合は，
$$\frac{a\times4^2-a\times2^2}{4-2}=\frac{16a-4a}{2}=6a$$
よって，$6a=-18$，$a=-3$

**STEP 3 ゆとりで合格の問題**

**1 解答** (1) $y=-4$ (2) $a=15$ (3) $a=7$

**解説**

(1) $y+1$ は $x-3$ に反比例するから，$y+1=\dfrac{a}{x-3}$ とおける。
この式に $x=9$，$y=2$ を代入して，$2+1=\dfrac{a}{9-3}$，$3=\dfrac{a}{6}$，$a=18$
よって，$y+1=\dfrac{18}{x-3}$ に $x=-3$ を代入して，
$$y+1=\frac{18}{-3-3},\quad y+1=-3,\quad y=-4$$

(2) 2点 $(1,\ 3)$，$(3,\ -5)$ を通る直線の式を $y=px+q$ とおくと，
$$\begin{cases}3=p+q & \cdots\cdots① \\ -5=3p+q & \cdots\cdots②\end{cases}$$
①，②を連立方程式として解くと，$p=-4$，$q=7$
よって，点 $(-2,\ a)$ は，直線 $y=-4x+7$ 上にあるから，
$$a=-4\times(-2)+7=15$$

(3) 関数 $y=x^2$ で，$x$ の値が $a$ から $a+1$ まで増加するときの変化の割合は，$\dfrac{(a+1)^2-a^2}{a+1-a}=2a+1$
よって，$2a+1=15$，$a=7$

# 6 図形①

問題：33ページ

**STEP 1 基本の問題**

**1 解答** $\angle x=35°$，$\angle y=145°$，$\angle z=145°$

**15** page

平行な 2 直線に 1 つの直線が交わるとき，**同位角，錯角は等しい**。

右の図で，$\ell /\!/ m$ のとき，

$\angle a = \angle c$（同位角）

$\angle b = \angle c$（錯角）

**2** 解答　(1) $\angle x = 65°$　(2) $\angle x = 40°$
(3) $\angle x = 55°$　(4) $\angle x = 60°$

解説

(1) **三角形の 3 つの内角の和は 180°**

$75° + 40° + \angle x = 180°$ より，

$\angle x = 180° - (75° + 40°) = 65°$

(2) $105° + \angle x + 35° = 180°$ より，

$\angle x = 180° - (105° + 35°) = 40°$

(3) **三角形の 1 つの外角は，それととな
り合わない 2 つの内角の和に等しい。**

$\angle x = 25° + 30° = 55°$

(4) $\angle x + 65° = 125°$ より，

$\angle x = 125° - 65° = 60°$

**3** 解答　(1) 540°　(2) 108°　(3) 45°

解説

(1) ***n* 角形の内角の和は，180° × (*n* − 2)**

$180° × (5 - 2) = 540°$

(2) 正多角形の内角はすべて等しいから，$540° ÷ 5 = 108°$

(3) **多角形の外角の和は 360°**

正多角形の外角はすべて等しいから，$360° ÷ 8 = 45°$

---

Ⓢⓣⓔⓟ **②** 合格力をつける問題

**1** 解答　(1) $\angle x = 19°$　(2) $\angle x = 115°$
(3) $\angle x = 120°$　(4) $\angle x = 80°$

解説

(1) $\angle x + 36° = 55°$

$\angle x$
$= 55° - 36°$
$= 19°$

(2) $\angle x$
$= 75° + 40°$
$= 115°$

(3) $\angle x$
$= 80° + 40°$
$= 120°$

(4) $\angle x$
$= 32° + 48°$
$= 80°$

【別解】

右の図のような補助線をひいてもよい。

**2** 解答　(1) $\angle x = 24°$　(2) $\angle x = 98°$

解説

(1) $50° + \angle x = \angle AEC$，

$40° + 34° = \angle AEC$ より，

$50° + \angle x = 40° + 34°$，

$\angle x = 74° - 50° = 24°$

(2) 右の図で，

$\angle DEC$
$= 42° + 20°$
$= 62°$

$\angle ADC$
$= 62° + 36° = 98°$

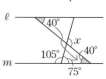

【別解】　右の図で，

$\angle ADF$
$= \angle a + 20°$

$\angle FDC$

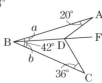

$= \angle b + 36°$

$\angle ADC = \angle ADF + \angle FDC$

$= \angle a + 20° + \angle b + 36°$

$= (\angle a + \angle b) + 20° + 36°$

$= 42° + 20° + 36° = 98°$

**③ 解答** (1) 54° (2) 81°

**解説**

### 二等辺三角形の2つの底角は等しい。

(1) $\angle ABC + \angle C = 180° - \angle A$

$= 180° - 72° = 108°$  $\angle ABC = \angle C$

だから，$\angle C = 108° \div 2 = 54°$

(2) $\angle ABD = 54° \div 2 = 27°$

$\angle ADB = 180° - (\angle A + \angle ABD)$

$= 180° - (72° + 27°) = 81°$

**④ 解答** (1) 58° (2) 122°

**解説**

(1) △ABE は AB=BE の二等辺三角

形だから，$\angle E = (180° - 64°) \div 2 = 58°$

AD∥BE で，錯角は等しいから，

$\angle DAF = \angle E = 58°$

(2) AB∥DC で，同位角は等しいから，

$\angle DCE = \angle B = 64°$

$\angle AFC = \angle DCE + \angle E = 64° + 58°$

$= 122°$

**⑤ 解答**  (1) 144° (2) 30° (3) 九角形

(4) 正八角形

**解説**

(1) 十角形の内角の和は

$180° \times (10 - 2) = 1440°$

よって，正十角形の1つの内角の

大きさは，$1440° \div 10 = 144°$

(2) 多角形の外角の和は 360° だから，

正十二角形の1つの外角の大きさは，

$360° \div 12 = 30°$

(3) 求める多角形を $n$ 角形とすると，

$180° \times (n - 2) = 1260°$

これを解いて，$n = 9$ より九角形。

(4) 1つの内角の大きさが 135° である

正多角形の1つの外角の大きさは，

$180° - 135° = 45°$

1つの外角の大きさが 45° の正多角

形は，$360° \div 45° = 8$ より，正八角形。

**【別解】** 求める正多角形を正 $n$ 角形と

すると，

$180° \times (n - 2) \div n = 135°$

$180° \times (n - 2) = 135° \times n$

$180° \times n - 360° = 135° \times n$

$45° \times n = 360°$，$n = 8$

よって，正八角形。

**STEP-3 ゆとりで合格の問題**

**① 解答** (1) 130° (2) 30°

**解説**

(1) 右の図のよう

に考えると，

$\angle x = 60° + 70°$

$= 130°$

**【別解】** 右の図

のように，$\ell$，

$m$ に平行な2

本の直線 $p$，

$q$ をひく。

よって，$\angle x = 90° + 40° = 130°$

(2) △DAB は DA=DB の二等辺三

角形だから，$\angle DAB = \angle DBA = \angle x$

三角形の内角と外角の関係から，

$\angle BDC = \angle x + \angle x = 2\angle x$

△BDC は DB=CB の二等辺三角

形だから，

$\angle BCD = \angle BDC = 2\angle x$

三角形の内角の和は 180° だから，

$\angle x + 2\angle x + 90° = 180°$，

$$3\angle x = 90°,$$
$$\angle x = 30°$$

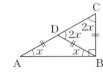

# ⑦ 図形②

問題:37ページ

## STEP 1 — 基本の問題

**1**  (1) $\angle x = 55°$　(2) $\angle x = 40°$

**解説**

(1) $\angle x = \dfrac{1}{2}\angle AOB = \dfrac{1}{2}\times 110° = 55°$

(2) 同じ弧に対する円周角は等しいから, $\angle x = \angle ACB = 40°$

**2** **解答** $\angle x = 90°$, $\angle y = 53°$

**解説**

$\angle x$ は, **半円の弧に対する円周角だから90°**

また, 三角形の内角の和は180°だから, $\angle y = 180° - (90° + 37°) = 53°$

**3** **解答** (1) $x = 8$　(2) $x = 4$

**解説**

(1) **平行線と比の定理より,**
 **AB:BC=DE:EF**
 これより, $6:9 = x:12$
 これを解いて, $72 = 9x$, $x = 8$

(2) **三角形と比の定理より,**
 **AD:AB=DE:BC**
 これより, $4:(4+8) = x:12$,
 これを解いて, $4\times 12 = 12x$, $x = 4$

miss**ミス対策** AD:DB=DE:BC としないように注意。

**4** **解答** (1) $x = 15$　(2) $x = \sqrt{95}$

**解説**

(1) **三平方の定理より,**

**AB²=BC²+AC²**
$$x^2 = 12^2 + 9^2 = 144 + 81 = 225$$
$$x > 0 \text{ だから, } x = 15$$

(2) **三平方の定理より,**
 **AC²=BC²−AB²**
$$x^2 = 12^2 - 7^2 = 144 - 49 = 95$$
$$x > 0 \text{ だから, } x = \sqrt{95}$$

## STEP 2 — 合格力をつける問題

**1** **解答** (1) $\angle x = 140°$　(2) $\angle x = 55°$
　　　 (3) $\angle x = 64°$　(4) $\angle x = 50°$

**解説**

(1) 大きい方の $\overset{\frown}{AC}$ に対する中心角は,
 $\angle AOC = 110° \times 2 = 220°$
 よって, $\angle x = 360° - 220° = 140°$

(2) $\triangle OBC$ で, $OB = OC$ だから,
 $\angle BOC = 180° - 35° \times 2 = 110°$
 $\angle x = \dfrac{1}{2}\angle BOC = \dfrac{1}{2}\times 110° = 55°$

(3) 半円の弧に対する円周角は90°だから, $\angle ABC = 90°$
 $OB = OC$ だから, $\angle OBC = 26°$
 よって, $\angle x = 90° - 26° = 64°$

(4) 半円の弧に対する円周角は90°だから, $\angle BAD = 90°$
 $\angle BAC = 90° - 40° = 50°$
 よって, $\angle x = \angle BAC = 50°$

**2** **解答** $\angle x = 21°$

**解説**

1つの円で, 円周角の大きさは弧の長さに比例するから,
 $(\angle ACB \text{ の大きさ}):(\angle x \text{ の大きさ})$
 $= \overset{\frown}{AB}:\overset{\frown}{CD} = 3:1$
 これより, $63:x = 3:1$
 これを解くと, $63 = 3x$, $x = 21$

**3** **解答** (1) $x = 16$, $y = 9$

(2) $x=8$, $y=12$

解説

(1) 平行線と比の定理より，

   $8:x=10:20$, $160=10x$, $x=16$

   $10:20=y:18$, $180=20y$, $y=9$

(2) 三角形と比の定理より，

   AB：AE＝AC：AD＝BC：ED

   $12:9=x:6$, $72=9x$, $x=8$

   $12:9=16:y$, $12y=144$, $y=12$

④ 解答　　AF＝5 cm，BC＝7 cm

解説

**円の外部の1点から，その円にひい**
**た2つの接線の長さは等しい。**

   AD＝AF だから，AF＝5 cm

   BD＝BE だから，BE＝4 cm

   CE＝CF だから，CE＝3 cm

   したがって，

   BC＝BE＋CE＝4＋3＝7(cm)

⑤ 解答　　(1) $x=2\sqrt{7}$　(2) $x=13$

解説

(1) △ABD≡△ACDだから，BD＝CD

   よって，BD＝12÷2＝6(cm)

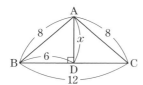

   △ABD で，三平方の定理より，

   $x^2=8^2-6^2=64-36=28$

   $x>0$ だから，$x=\sqrt{28}=2\sqrt{7}$

(2) △ABD で，三平方の定理より，

   $AD^2=20^2-16^2=400-256=144$

   $AD>0$ だから，$AD=\sqrt{144}=12$

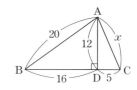

△ADC で，三平方の定理より，

$x^2=12^2+5^2=144+25=169$

$x>0$ だから，$x=\sqrt{169}=13$

**STEP 3** ─ **ゆとりで合格の問題**

① 解答　　(1) $\angle x=50°$　(2) 12 cm

解説

(1) **円の接線は，接**
   **点を通る半径に垂**
   **直**だから，

   右の図で，

   BT⊥OA

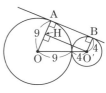

   よって，∠OAC＝90°－70°＝20°

   また，OA＝OC だから，

   ∠OCA＝20°

   $\angle x=180°-(20°+20°+90°)=50°$

   または，三角形の内角と外角の関
   係から，$\angle x+20°=70°$，

   $\angle x=70°-20°=50°$

(2) 右の図で，

   四角形 AHO′B
   は長方形だか
   ら，AH＝BO′，

   AB＝HO′

   OH＝9－4＝5(cm)

   OO′＝9＋4＝13(cm)

   △OO′H で，三平方の定理より，

   $HO'^2=13^2-5^2=169-25=144$

   $HO'>0$ だから，$HO'=\sqrt{144}=12$

   したがって，AB＝12 cm

# ⑧ データの活用

問題:**41**ページ

## STEP 1 基本の問題

**1 解答** (1) $\frac{1}{6}$ (2) $\frac{1}{2}$ (3) $\frac{1}{3}$ (4) $\frac{2}{3}$

**解説**

　1個のさいころを1回振るとき，目の出方は全部で6通り。

(1) 1の目は1通りだから，求める確率は，$\frac{1}{6}$

(2) 偶数は2，4，6の3通りだから，求める確率は，$\frac{3}{6} = \frac{1}{2}$

(3) 3の倍数は3，6の2通りだから，求める確率は，$\frac{2}{6} = \frac{1}{3}$

(4) 6の約数は1，2，3，6の4通りだから，求める確率は，$\frac{4}{6} = \frac{2}{3}$

**2 解答** (1) $\frac{1}{4}$ (2) $\frac{1}{2}$

**解説**

　2枚の硬貨をA，Bとして，表と裏の出方を樹形図に表すと右のようになる。

```
A      B
表 ┬── 表
   └── 裏
裏 ┬── 表
   └── 裏
```

　表と裏の出方は全部で4通り。

(1) 2枚とも表が出るのは1通りだから，求める確率は$\frac{1}{4}$

(2) 1枚が表で，1枚が裏が出るのは2通りだから，求める確率は，$\frac{2}{4} = \frac{1}{2}$

**miss ミス対策** 2枚の硬貨は区別されているから，(表，裏)と(裏，表)は別のものと考える。

**3 解答** (1) 5分 (2) 45人 (3) 22.5分

**解説**

(1) データを整理するための区間を**階級**という。

(2) データの個数を**度数**という。

(3) 度数分布表で，それぞれの階級のまん中の値を**階級値**という。

　20分以上25分未満の階級の階級値は，$\frac{20+25}{2} = 22.5$(分)

**4 解答** (1) 母集団…毎日生産する75000個の缶詰。

　標本…毎日無作為に取り出す100個の缶詰。

(2) 100個

**解説**

　集団の中から一部を取り出して調べ，その結果から集団全体の傾向を推定する方法を，**標本調査**という。

　標本調査で，調査の対象となる集団全体を**母集団**といい，母集団から取り出した一部分を**標本**という。そして，標本にふくまれる資料の個数を**標本の大きさ**という。

## STEP 2 合格力をつける問題

**1 解答** (1) 4通り (2) 9個 (3) 10試合

**解説**

(1) 3人の選び方は，(A，B，C)，(A，B，D)，(A，C，D)，(B，C，D)の4通り。

**【別解】** 4人から3人を選ぶということは，選ばない1人を決めることと同じである。選ばない1人の決め方は4通り。

(2) 2枚のカードの並べ方は，次のようになる。

十の位　一の位　　十の位　一の位　　十の位　一の位

 ミス対策　2けたの整数をつくるので，十の位には 0 のカードをおくことはできない。

(3)　全部の試合数は，右の表の○の数になる。

|  | A | B | C | D | E |
|---|---|---|---|---|---|
| A |  | ○ | ○ | ○ | ○ |
| B |  |  | ○ | ○ | ○ |
| C |  |  |  | ○ | ○ |
| D |  |  |  |  | ○ |
| E |  |  |  |  |  |

 解答　(1) $\dfrac{1}{4}$　(2) $\dfrac{1}{13}$　(3) $\dfrac{3}{13}$

解説

カードのひき方は全部で52通り。

(1)　スペードのカードのひき方は13通り。

(2)　エースのカードのひき方は4通り。

(3)　絵札は，$3×4＝12$(枚)だから，絵札のカードのひき方は12通り。

③ 解答　(1) $\dfrac{1}{6}$　(2) $\dfrac{1}{4}$　(3) $\dfrac{1}{9}$　(4) $\dfrac{1}{12}$
　　　(5) $\dfrac{5}{18}$

解説

2個のさいころの目の出方は全部で，
**$6×6＝36$(通り)**

(1)　右の表の■の場合で6通り。

　　　求める確率は，
　　　$\dfrac{6}{36}＝\dfrac{1}{6}$

| ＼ | 1 | 2 | 3 | 4 | 5 | 6 |
|---|---|---|---|---|---|---|
| 1 | ■ |  |  |  |  |  |
| 2 |  | ■ |  |  |  |  |
| 3 |  |  | ■ |  |  |  |
| 4 |  |  |  | ■ |  |  |
| 5 |  |  |  |  | ■ |  |
| 6 |  |  |  |  |  | ■ |

(2)　右の表の■の場合で9通り。

　　　求める確率は，
　　　$\dfrac{9}{36}＝\dfrac{1}{4}$

| ＼ | 1 | 2 | 3 | 4 | 5 | 6 |
|---|---|---|---|---|---|---|
| 1 | ■ |  | ■ |  | ■ |  |
| 2 |  |  |  |  |  |  |
| 3 | ■ |  | ■ |  | ■ |  |
| 4 |  |  |  |  |  |  |
| 5 | ■ |  | ■ |  | ■ |  |
| 6 |  |  |  |  |  |  |

(3)　右の表の■の場合で4通り。

　　　求める確率は，
　　　$\dfrac{4}{36}＝\dfrac{1}{9}$

| ＼ | 1 | 2 | 3 | 4 | 5 | 6 |
|---|---|---|---|---|---|---|
| 1 |  |  |  | ■ |  |  |
| 2 |  |  | ■ |  |  |  |
| 3 |  | ■ |  |  |  |  |
| 4 | ■ |  |  |  |  |  |
| 5 |  |  |  |  |  |  |
| 6 |  |  |  |  |  |  |

(4)　右の表の■の場合で3通り。

　　　求める確率は，
　　　$\dfrac{3}{36}＝\dfrac{1}{12}$

| ＼ | 1 | 2 | 3 | 4 | 5 | 6 |
|---|---|---|---|---|---|---|
| 1 |  |  |  |  |  |  |
| 2 | ■ |  |  |  |  |  |
| 3 |  |  |  |  |  |  |
| 4 |  |  |  |  |  |  |
| 5 |  |  |  |  |  |  |
| 6 |  |  |  |  |  |  |

(5)　右の表の■の場合で10通り。

　　　求める確率は，
　　　$\dfrac{10}{36}＝\dfrac{5}{18}$

| ＼ | 1 | 2 | 3 | 4 | 5 | 6 |
|---|---|---|---|---|---|---|
| 1 |  |  |  |  |  |  |
| 2 |  |  |  |  |  |  |
| 3 |  |  |  |  |  | ■ |
| 4 |  |  |  |  | ■ | ■ |
| 5 |  |  |  | ■ | ■ | ■ |
| 6 |  |  | ■ | ■ | ■ | ■ |

④ 解答　(1) $\dfrac{1}{8}$　(2) $\dfrac{7}{8}$

解説

3枚の硬貨をA，B，Cとして，表と裏の出方を樹形図に表すと下のようになる。表と裏の出方は全部で8通り。

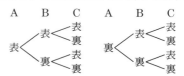

(1)　3枚とも裏が出る出方は1通りだから，求める確率は，$\dfrac{1}{8}$

(2)　少なくとも1枚は表が出る確率は，
**$1－$(3枚とも裏が出る確率)** だから，
　　　$1-\dfrac{1}{8}＝\dfrac{7}{8}$

⑤ 解答　(1) $\dfrac{3}{10}$　(2) $\dfrac{3}{5}$

解説

赤球を❶，❷，白球を①，②，③とすると，2個の球の取り出し方は，
(❶，❷)，(❶，①)，(❶，②)，(❶，③)，
(❷，①)，(❷，②)，(❷，③)，

（①，②），（①，③），（②，③）の 10 通り。

(1) 2 個とも白球であるのは 3 通りだから，求める確率は，$\dfrac{3}{10}$

 球の取り出し方を，
（赤，赤），（赤，白），（白，白）
の 3 通りと考えてはいけない。同じものがいくつかある場合は，**それぞれ区別して**場合の数を求める。

(2) 1 個が赤球で，1 個が白球であるのは 6 通りだから，求める確率は，
$\dfrac{6}{10}=\dfrac{3}{5}$

**6 解答** (1) $\dfrac{1}{2}$ (2) $\dfrac{1}{4}$

**解説**

2 枚のカードの並べ方は，次のようになり，並べ方は全部で 12 通り。

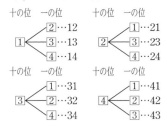

(1) 偶数は 12，14，24，32，34，42 の 6 通りだから，求める確率は，$\dfrac{6}{12}=\dfrac{1}{2}$

(2) 6 の倍数は 12，24，42 の 3 通りだから，求める確率は，$\dfrac{3}{12}=\dfrac{1}{4}$

**7 解答** (1) 13 点
(2) 第 1 四分位数 9 点，第 2 四分位数 13 点，第 3 四分位数 14.5 点
(3) 5.5 点

**解説**

(1) **範囲 ＝ 最大値 － 最小値**だから，
$18-5=13$（点）

(2) データを大きさの順に並べ，中央値を境に前半と後半に分ける。このとき，前半の中央値を**第 1 四分位数**，全体の中央値を**第 2 四分位数**，後半の中央値を**第 3 四分位数**といい，これらを合わせて**四分位数**という。

第 1 四分位数は，3 番めと 4 番めの点数の平均値だから，9 点。

第 2 四分位数は，7 番めの得点だから，13 点。

第 3 四分位数は，10 番めと 11 番めの点数の平均値だから，14.5 点。

(3) **四分位範囲＝第 3 四分位数－第 1 四分位数**だから，$14.5-9=5.5$（点）

**8 解答** 約 51 kg

**解説**

**標本平均と母集団の平均はほぼ等しい。**

標本から 10 人の体重の平均値を求めると，
$(49+48+54+52+60+41$
$+51+57+55+46)\div10=51.3$（kg）

これより，クラス全体の体重の平均値は約 51 kg と推定できる。

**9 解答** (1) $\dfrac{2}{9}$ (2) 約 170 個

**解説**

(1) 取り出した球は，$10+35=45$（個）だから，取り出した球 45 個にふくまれる白球の割合は，$\dfrac{10}{45}=\dfrac{2}{9}$

よって，全体の球に対する白球の割合も，これと同じと考えられる。

(2) $750 \times \dfrac{2}{9} = 166.6\cdots$（個）

## STEP-3 ゆとりで合格の問題

**1 解答** (1) $\dfrac{1}{12}$ (2) $\dfrac{7}{18}$ (3) $\dfrac{11}{36}$ (4) $\dfrac{2}{9}$

**解説**

(1) 下の表の■の場合の 3 通り。

| A＼B | 1 | 2 | 3 | 4 | 5 | 6 |
|---|---|---|---|---|---|---|
| 1 | | | | | | |
| 2 | | | | | | |
| 3 | | | | | | |
| 4 | | | | | | |
| 5 | | | | | | |
| 6 | | | | | | |

(2) 下の表の■の場合の 14 通り。

| A＼B | 1 | 2 | 3 | 4 | 5 | 6 |
|---|---|---|---|---|---|---|
| 1 | | | | | | |
| 2 | | | | | | |
| 3 | | | | | | |
| 4 | | | | | | |
| 5 | | | | | | |
| 6 | | | | | | |

(3) 下の表の■の場合の 11 通り。

| A＼B | 1 | 2 | 3 | 4 | 5 | 6 |
|---|---|---|---|---|---|---|
| 1 | | | | | | |
| 2 | | | | | | |
| 3 | | | | | | |
| 4 | | | | | | |
| 5 | | | | | | |
| 6 | | | | | | |

(4) 下の表の■の場合の 8 通り。

| A＼B | 1 | 2 | 3 | 4 | 5 | 6 |
|---|---|---|---|---|---|---|
| 1 | | | | | | |
| 2 | | | | | | |
| 3 | | | | | | |
| 4 | | | | | | |
| 5 | | | | | | |
| 6 | | | | | | |

---

## 第2章 数理技能検定［2次］【対策編】の解答

# 1 数や式の問題

問題：49ページ

## STEP-1 基本の問題

**1 解答** (1) 55 点 (2) 7 点高い (3) 61 点

**解説**

(1) 基準の点数は 60 点だから，
$60 + (-5) = 55$（点）

(2) **B の基準との差 − D の基準との差**
$(+4) - (-3) = 4 + 3 = 7$（点）

(3) **平均＝基準量＋基準量との差の平均**
基準との差の平均は，
$\{0 + (+4) + (-5) + (-3) + (+9)\} \div 5$
$= 5 \div 5 = 1$（点）

よって，5 人の点数の平均は，基準の 60 点より 1 点高いから，
$60 + 1 = 61$（点）

**ミス対策** 基準との差の平均を求めるとき，基準との差が 0 点の A を除いた 4 人の平均を求めてはいけない。
$\{(+4) + (-5) + (-3) + (+9)\} \div 4$
$= 5 \div 4 = 1.25$（点）

**2 解答** (1) $\pm 36$ (2) 14

**解説**

(1) 1296 を素因数分解すると，$1296 = 2^4 \times 3^4$
これを（自然数）$^2$ の形にすると，
$2^4 \times 3^4 = (2^2 \times 3^2)^2$
$= (4 \times 9)^2 = 36^2$

$$\begin{array}{r} 2\,)\,1\,2\,9\,6 \\ \hline 2\,)\ \ 6\,4\,8 \\ \hline 2\,)\ \ 3\,2\,4 \\ \hline 2\,)\ \ 1\,6\,2 \\ \hline 3\,)\ \ \ \ 8\,1 \\ \hline 3\,)\ \ \ \ 2\,7 \\ \hline 3\,)\ \ \ \ \ \ 9 \\ \hline \ \ \ \ \ \ \ 3 \end{array}$$

よって，1296 の平方根は，$+36$ と $-36$

解答 2次 数理技能

**23** page

(2) 504 を素因数分解する
と，$504 = 2^3 \times 3^2 \times 7$

$$
\begin{array}{r}
2\,)\underline{5\ 0\ 4} \\
2\,)\underline{2\ 5\ 2} \\
2\,)\underline{1\ 2\ 6} \\
3\,)\underline{\ \ 6\ 3} \\
3\,)\underline{\ \ 2\ 1} \\
7
\end{array}
$$

これを(自然数)$^2$ にする
には，それぞれの素因数
の指数を偶数にすればよ
いから，

$(2^3 \times 3^2 \times 7) \times 2 \times 7 = (2^2 \times 3 \times 7)^2$
$= 84^2$ とすればよい。

よって，かける自然数は，

$2 \times 7 = 14$

**3** 解答　(1) $\dfrac{6}{\sqrt{3}} < \sqrt{15} < 4$　(2) 6 個

解説

(1) $4 = \sqrt{4^2} = \sqrt{16}$,

$\dfrac{6}{\sqrt{3}} = \dfrac{6\sqrt{3}}{3} = 2\sqrt{3} = \sqrt{12}$

$12 < 15 < 16$ だから，

$\sqrt{12} < \sqrt{15} < \sqrt{16}$

よって，$\dfrac{6}{\sqrt{3}} < \sqrt{15} < 4$

(2) それぞれの数を 2 乗すると，

$3^2 < (\sqrt{a})^2 < 4^2$

よって，$9 < a < 16$

この不等式にあてはまる自然数 $a$
の値は，10, 11, 12, 13, 14, 15 の
6 個。

**4** 解答　(1) 2, 5, 0

(2) $2495 \leqq a < 2505$　(3) 5 m 以下

解説

(1) 10 m 未満を四捨五入したので，
有効数字は 10 m の位までの数字に
なる。

(2)(3) 真の値の
範囲と誤差を
図に表すと，
右のようになる。

真の値の範囲

$$
\begin{array}{ccc}
& \overbrace{\quad 5 \quad \; \; 5 \quad} & \\
\bullet & | & \circ \\
2495 & 2500 & 2505
\end{array}
$$

S T E P 2 合格力をつける問題

**1** 解答　(1) 9 時　(2) 11 時　(3) 13 時間

解説

(1) ロンドンの時刻は，東京の時刻か
ら 9 時間ひいた時刻だから，

$18 - 9 = 9$(時)

(2) カイロとニューヨークとの時差は，

$(-14) - (-7) = (-14) + (+7)$
$= -7$(時間)だから，$18 - 7 = 11$(時)

(3) シドニーとの時差からリオデジャ
ネイロとの時差をひけばよい。

$(+2) - (-11) = (+2) + (+11)$
$= 13$(時間)

**2** 解答　(1) $ab - 9\,(\text{cm}^2)$　(2) $2a + 2b\,(\text{cm})$

解説

(1) 縦 $a$ cm，横 $b$ cm の長方形の面
積 $ab$ cm$^2$ から，1 辺が 3 cm の正方
形の面積 $3^2 = 9\,(\text{cm}^2)$ をひく。

(2) 右の図のよう
に，3 cm の辺を
矢印の方向に寄せ
ると，この図形の

周りの長さは，縦 $a$ cm，横 $b$ cm の
長方形の周りの長さと同じになる。

**3** 解答　(1) $a = 3$　(2) $n = 14$

(3) 5 個　(4) $\dfrac{3\sqrt{2}}{5}$

解説

(1) $108a$ が(自然数)$^2$ になるとき，
$\sqrt{108a}$ は自然数になる。

108 を素因数分解すると，

$108 = 2^2 \times 3^3$

よって，これを(自然数)$^2$ の形に
するには，3 をかけて，

$2^2 \times 3^3 \times 3 = 2^2 \times 3^4 = (2 \times 3^2)^2$

とすればよいから，$a=3$

(2) $\dfrac{350}{n}$ が（自然数）$^2$ になるとき，

$\sqrt{\dfrac{350}{n}}$ は自然数になる。

350 を素因数分解すると，

$350=2\times5^2\times7$

よって，これを（自然数）$^2$ の形にするには，$2\times7=14$ でわって，

$\dfrac{2\times5^2\times7}{2\times7}=5^2$

とすればよいから，$n=14$

(3) それぞれの数を 2 乗すると，

$\left(\dfrac{5}{2}\right)^2=\dfrac{25}{4}=6.25$，$(\sqrt{a})^2=a$，

$\left(\dfrac{10}{3}\right)^2=\dfrac{100}{9}=11.1\cdots$

よって，$\dfrac{25}{4}<a<\dfrac{100}{9}$ を満たす自然数 $a$ は，$a=7$，8，9，10，11 の5個。

(4) $\sqrt{\dfrac{14}{25}}=\dfrac{\sqrt{14}}{5}$

これより，3つの数の分母は5で同じだから，分子4，$\sqrt{14}$，$3\sqrt{2}$ の大きさを比べる。

$4^2=16$，$(\sqrt{14})^2=14$，$(3\sqrt{2})^2=18$

より，$\sqrt{14}<4<3\sqrt{2}$

よって，$\dfrac{\sqrt{14}}{5}<\dfrac{4}{5}<\dfrac{3\sqrt{2}}{5}$

④ 解答　(1) 100　(2) 5

解説

(1) 15 でわったときの商を $a$，18 でわったときの商を $b$，求める最小の自然数を $x$ とすると，

$x=15a+10$，$x=18b+10$

と表せる。

よって，$x-10=15a$，$x-10=18b$ だから，$x-10$ は 15 でも 18 でもわりきれる。

したがって，$x-10$ は 15 と 18 の最小公倍数 90 になるから，

$x-10=90$，$x=100$

(2) $a-b$ は，$a$ が最大で，$b$ が最小のとき，もっとも大きくなる。$a$ の最大値は 2，$b$ の最小値は $-3$ だから，$a-b$ の最大値は，$2-(-3)=5$

⑤ 解答　(1) 1400　(2) 70

解説

(1) $-7a^2b^3=-7\times5^2\times(-2)^3$
$=-7\times25\times(-8)=1400$

(2) $y^2-3xy=(-5)^2-3\times3\times(-5)$
$=25-(-45)=25+45=70$

⑥ 解答　(1) $48.5\leqq a<49.5$

(2) $5.95\leqq a<6.05$

解説

(1) 小数第 1 位を四捨五入した近似値が 49 m になる。

真の値の範囲

0.5　0.5

48.5　49　49.5

(2) 小数第 2 位を四捨五入した近似値が 6.0 kg になる。

真の値の範囲

0.05　0.05

5.95　6.0　6.05

⑦ 解答　(1) 17.32　(2) 54.77
(3) 0.1732　(4) 0.05477

解説

(1) $\sqrt{300}=\sqrt{3\times100}=\sqrt{3}\times10$
$=1.732\times10=17.32$

【別解】　$\sqrt{\phantom{x}}$ の中の数の小数点の位置を 2 けたずらすごとに，その平方根の値の小数点の位置は，同じ方向に 1 けたずれる。

$\sqrt{3.00}$ $\xrightarrow{\text{小数点が 2 けた右へ}}$ $\sqrt{3.00\,}$

$1.732$ $\xrightarrow{\text{小数点が 1 けた右へ}}$ $1.7.32$

(2) $\sqrt{3000}=\sqrt{30\times100}=\sqrt{30}\times10$
$=5.477\times10=54.77$

(3) $\sqrt{0.03}=\sqrt{\dfrac{3}{100}}=\dfrac{\sqrt{3}}{10}=\sqrt{3}\times\dfrac{1}{10}$
$=1.732\times\dfrac{1}{10}=0.1732$

【別解】

$\sqrt{3.}$ $\xrightarrow{\text{小数点が2けた左へ}}$ $\sqrt{0.03.}$

$1.732$ $\xrightarrow{\text{小数点が1けた左へ}}$ $0.1.732$

(4) $\sqrt{0.003}=\sqrt{\dfrac{30}{10000}}=\dfrac{\sqrt{30}}{100}$
$=\sqrt{30}\times\dfrac{1}{100}=5.477\times\dfrac{1}{100}$
$=0.05477$

**S T E P 3 — ゆとりで合格の問題**

**1 解答**　(1) 20　(2) 80

**解説**

　まず，$x+y$，$xy$ の値をそれぞれ求める。

$x+y=(\sqrt{7}+\sqrt{3})+(\sqrt{7}-\sqrt{3})$
$=2\sqrt{7}$

$xy=(\sqrt{7}+\sqrt{3})(\sqrt{7}-\sqrt{3})$
$=7-3=4$

(1) $x^2+y^2=x^2+2xy+y^2-2xy$
$=(x+y)^2-2xy=(2\sqrt{7})^2-2\times4$
$=28-8=20$

(2) $x^3y+xy^3=xy(x^2+y^2)$
$=4\times20=80$

# 2 方程式の問題

問題：**55ページ**

**S T E P 1 — 基本の問題**

**1 解答**　(1) $x=-5$　(2) $x=7$，$y=2$
(3) $x=-2$，$x=4$

**解説**

(1) $3x+8=-7$ より，
$3x=-15$，$x=-5$

(2) 2数を $x$，$y(x>y)$ とすると，
$\begin{cases}x+y=9\\x-y=5\end{cases}$　これを解くと，
$x=7$，$y=2$

(3) $x^2-2x=8$ より，$x^2-2x-8=0$，
$(x+2)(x-4)=0$，$x=-2$，$x=4$

**2 解答**　(1) $2(17+x)$　(2) 8個

**解説**

(1) おはじきをあげた後の数は，ゆみ
こさん…$58-x$(個)，妹…$17+x$(個)

(2) $58-x=2(17+x)$，$58-x=34+2x$，
$-3x=-24$，$x=8$
よって，8個。

**3 解答**　(1) $\begin{cases}2x+y=450\\x+3y=350\end{cases}$

(2) 大きいおもり…200 g，
小さいおもり…50 g

**解説**

(2) $\begin{cases}2x+y=450 & \cdots\cdots① \\ x+3y=350 & \cdots\cdots②\end{cases}$

②×2−①より，

$\begin{array}{r}2x+6y=700\\ -)\ 2x+\ \ y=450\\\hline 5y=250\\ y=50\end{array}$

$y=50$ を②に代入して，
$x+3\times50=350$，$x=200$

**S T E P 2 — 合格力をつける問題**

**1 解答**　(1) $400x+2000=500x-1000$
(2) 生徒数…30 人，経費…14000 円

**解説**

(1) 経費を2通りの式で表し，それら
を等号で結ぶ。

・1人400円ずつ集めたとき
　　…400×$x$+2000(円)
・1人500円ずつ集めたとき
　　…500×$x$−1000(円)

(2)　$400x+2000=500x-1000$,
　　$-100x=-3000$, $x=30$
　　したがって，生徒は30人。
　　経費は，$400×30+2000=14000$(円)

②解答　　(1) $70x+120(15-x)=1200$
　　(2) 12分

解説

(1)　(歩いた道のり)+(走った道のり)
　　=(家から公園までの道のり)
　　より，方程式をつくる。
　　　歩いた道のり…$70×x$(m)
　　　走った道のり…$120×(15-x)$(m)

(2)　$70x+120(15-x)=1200$,
　　$70x+1800-120x=1200$,
　　$-50x=-600$, $x=12$ より，12分

③解答　　(1) $\begin{cases} x-y=16 \\ y=\dfrac{4}{5}x \end{cases}$
　　(2) 数学…80点，国語…64点

解説

(1)　上の式は，$x=y+16$ でもよい。
(2)　(1)の下の式を上の式に代入して，
　　$x-\dfrac{4}{5}x=16$, $\dfrac{1}{5}x=16$, $x=80$
　　$x=80$ を下の式に代入して，
　　$y=\dfrac{4}{5}×80=64$

④解答　　(1) $\begin{cases} x+y=20 \\ (500x+300y)×0.8=5600 \end{cases}$
　　(2) おとな…5人，子ども…15人

解説

(1)　おとな $x$ 人，子ども $y$ 人の正規
　　の入園料は，$500x+300y$(円)

ただし，団体割引を利用すると，
この金額の $1-0.2=0.8$(倍)になるか
ら，入園料は，$(500x+300y)×0.8$(円)

(2)　(1)の下の式を整理すると，
　　$5x+3y=70$
　　よって，$\begin{cases} x+y=20 \\ 5x+3y=70 \end{cases}$ を解くと，
　　$x=5$, $y=15$

⑤解答　　まん中の整数を $n$ とすると，
もっとも大きい整数は $n+1$，もっと
も小さい整数は $n-1$ と表せるから，
　　$(n+1)^2-(n-1)^2$
　　$=n^2+2n+1-(n^2-2n+1)$
　　$=n^2+2n+1-n^2+2n-1$
　　$=4n$
　　$4n$ はまん中の整数の4倍である。
　　よって，連続する3つの整数にお
いて，もっとも大きい整数の2乗か
らもっとも小さい整数の2乗をひい
た差は，まん中の整数の4倍になる。

解説

**連続する整数の表し方**

連続する3つの整数…$n-1$, $n$, $n+1$
または，$n$, $n+1$, $n+2$
連続する2つの偶数…$2n$, $2n+2$
連続する2つの奇数…$2n-1$, $2n+1$
または，$2n+1$, $2n+3$

⑥解答　　(1) $\dfrac{1}{2}x^2+12$(cm²)

　　(2) $\dfrac{1}{2}x^2+12=18$, $\dfrac{1}{2}x^2=6$, $x^2=12$,
　　$x=\pm2\sqrt{3}$
　　$x>0$ だから，$x=2\sqrt{3}$(cm)

解説

(1)　四角形 APQD
　　=長方形 ABCD−△PBQ−△DQC

解
答
②次 数理技能

$$=4\times6-\frac{1}{2}\times x\times(4-x)-\frac{1}{2}(6-x)\times4$$

$$=24-\frac{1}{2}x(4-x)-2(6-x)$$

$$=24-2x+\frac{1}{2}x^2-12+2x$$

$$=\frac{1}{2}x^2+12\,(cm^2)$$

**7 解答** (1) $a=3$ (2) $a=6$

**解説**

(1) $ax+2=5x-8$ に $x=5$ を代入して，
$5a+2=25-8$, $5a=15$, $a=3$

(2) $x^2-5x+a=0$ に $x=3$ を代入して，
$9-15+a=0$, $-6+a=0$, $a=6$

**S T E P 3 ── ゆとりで合格の問題**

**1 解答** (1) $\begin{cases} x+y=400 \\ \dfrac{6}{100}x+\dfrac{14}{100}y=36 \end{cases}$

(2) 6 %…250 g, 14 %…150 g

**解説**

● 食塩水の問題では，食塩水の重さ，食塩の重さ，それぞれについて立式する。

(1) 混ぜてできる食塩水の重さから，
$x+y=400$ …①
（食塩の重さ）
＝（食塩水の重さ）×（濃度）だから，
$x\times\dfrac{6}{100}+y\times\dfrac{14}{100}=400\times\dfrac{9}{100}$,
$\dfrac{6}{100}x+\dfrac{14}{100}y=36$ …②

(2) ②×100 より，$6x+14y=3600$…③
③÷2 より，$3x+7y=1800$ …④
④−①×3 より，$4y=600$, $y=150$
$y=150$ を①に代入して，
$x+150=400$, $x=250$

---

**③ 関数の問題**

問題:61 ページ

**S T E P 1 ── 基本の問題**

**1 解答** (1) ア $-24$ イ $-16$ ウ $-8$
エ 8 オ 24

(2) ア 4 イ 12 ウ $-12$ エ $-6$
オ $-4$

**解説**

(1) $y$ は $x$ に比例するから，比例定数を $a$ とすると，$y=ax$ と表せる。
$x=4$ のとき $y=16$ だから，
$16=4a$, $a=4$
よって，式は，$y=4x$
この式に $x$ の値を代入して，対応する $y$ の値を求める。
ア…$y=4\times(-6)=-24$
イ…$y=4\times(-4)=-16$
ウ…$y=4\times(-2)=-8$
エ…$y=4\times2=8$
オ…$y=4\times6=24$

(2) $y$ は $x$ に反比例するから，比例定数を $a$ とすると，$y=\dfrac{a}{x}$ と表せる。
$x=-4$ のとき $y=6$ だから，
$6=\dfrac{a}{-4}$, $a=-24$
よって，式は，$y=-\dfrac{24}{x}$
この式に $x$ の値を代入して，対応する $y$ の値を求める。
ア…$y=-\dfrac{24}{-6}=4$
イ…$y=-\dfrac{24}{-2}=12$
ウ…$y=-\dfrac{24}{2}=-12$
エ…$y=-\dfrac{24}{4}=-6$

$$\text{オ}\cdots y=-\frac{24}{6}=-4$$

**2 解答** (1) $a=3$, $b=-7$

(2) $x$ 軸$\cdots(-4,\ 0)$, $y$ 軸$\cdots(0,\ -3)$

(3) $a=50$

**解説**

**直線や放物線上に点があるとき，直線や放物線の式に，その点の $x$ 座標，$y$ 座標を代入すると式が成り立つ。**

(1) 関数 $y=ax+2$ のグラフは点
$(1,\ 5)$ を通るから，$5=a\times1+2$, $a=3$
関数 $y=3x+2$ のグラフは
点 $(-3,\ b)$ を通るから，
$b=3\times(-3)+2=-7$

(2) **$x$ 軸上の点は $y$ 座標が 0，$y$ 軸上の点は $x$ 座標が 0**
$x$ 軸上の点は，$3x+4y=-12$ に
$y=0$ を代入して，$3x=-12$, $x=-4$
$y$ 軸上の点は，$3x+4y=-12$ に
$x=0$ を代入して，$4y=-12$, $y=-3$

(3) 点 $(-5,\ a)$ は，関数 $y=2x^2$ のグラフ上の点だから，
$a=2\times(-5)^2=2\times25=50$

**3 解答** (1) $400$ 円 (2) $y=20x+100$
(3) $145$ m

**解説**

(1) $20\times15+100=400$(円)

(2) （代金の合計）
$=(1\,\text{m}\,$あたりの値段)$\times$(長さ)$+$(箱代)
だから，$y=20\times x+100$

(3) $y=20x+100$ に $y=3000$ を代入して，
$3000=20x+100$, $20x=2900$,
$x=145$

**S T E P 2 合格力をつける問題**

**1 解答** (1) $y=4x$ (2) 時速 $3$ km

---

(3) $y=-3x+21$

**解説**

(1) グラフは原点を通る直線で，傾き
が $\frac{12}{3}=4$ だから，式は，$y=4x$

(2) $7-3=4$(時間)で $12$ km 歩いているから，速さは，$12\div4=3$(km/h)

(3) (2)より，グラフの傾きは $-3$
$y=-3x+b$ に $x=7$, $y=0$ を代入
して，$0=-21+b$, $b=21$
よって，式は，$y=-3x+21$

**2 解答** (1) $(-6,\ 0)$ (2) $(6,\ 6)$ (3) $18$

**解説**

(1) $x$ 軸との交点の $y$ 座標は 0 だから，$y=\frac{1}{2}x+3$ に $y=0$ を代入して，
$0=\frac{1}{2}x+3$, $x=-6 \Rightarrow$ B$(-6,\ 0)$

**miss ミス対策** $x$ 軸との交点の座標だからといって，$x=0$ を代入しないように。

(2) **2 直線の式を連立方程式として解**
**く**と，$x=6$, $y=6 \Rightarrow$ A$(6,\ 6)$

(3) **OB を底辺と考えると，高さは A の**
**$y$ 座標**だから，$\triangle$OAB$=\frac{1}{2}\times6\times6=18$

**3 解答** (1) $(1,\ 0)$ (2) $y=4x-4$
(3) $y=10x-20$

**解説**

(1) 中点 M の $y$ 座標は 0，$x$ 座標は
$\frac{-4+6}{2}=1 \Rightarrow$ M$(1,\ 0)$

(2) 直線 AD の傾きは，$\frac{8-0}{4-2}=4$
**平行な直線の傾きは等しい**から，
$y=4x+b$ に $x=1$, $y=0$ を代入して，
$0=4+b$, $b=-4$
よって，$y=4x-4$

(3) 右の図
のように，
点 M を
通り直線
AD に平
行な直線
と，線分 AB との交点を P とする。

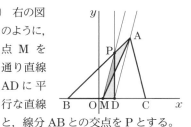

$\triangle \text{ABM} = \triangle \text{AMC} = \dfrac{1}{2}\triangle \text{ABC}$

$\triangle \text{ABM} = \triangle \text{PBM} + \triangle \text{APM}$
$\qquad\qquad = \triangle \text{PBM} + \triangle \text{DPM} = \triangle \text{PBD}$

よって，2 点 **P，D を通る直線の式**を求めればよい。

直線 AB の式を求めると $y = x + 4$，
直線 PM の式は $y = 4x - 4$ だから，
点 P の座標は，この 2 直線の式を連立方程式として解いて，$\text{P}\left(\dfrac{8}{3},\ \dfrac{20}{3}\right)$

$y = px + q$ に 2 点 D，P の座標の値を代入して，

$$\begin{cases} 0 = 2p + q \\ \dfrac{20}{3} = \dfrac{8}{3}p + q \end{cases} \Rightarrow \begin{cases} p = 10 \\ q = -20 \end{cases}$$

よって，$y = 10x - 20$

**4 解答** (1) $a = 2$ (2) $2$
(3) $y = -2x + 4$

解説

(1) 点 A$(-2,\ 8)$ は，放物線 $y = ax^2$ 上の点だから，
$8 = a \times (-2)^2,\ 8 = 4a,\ a = 2$

(2) 点 B の $x$ 座標は $1$ だから，$y = 2x^2$ に $x = 1$ を代入して，$y = 2 \times 1^2 = 2$

(3) 直線 AB の式を $y = px + q$ とおく。
直線 AB は点 A$(-2,\ 8)$ を通るから，
$8 = -2p + q$ ……①
また，点 B$(1,\ 2)$ を通るから，
$2 = p + q$ ……②

①，②を連立方程式として解くと，
$p = -2,\ q = 4$
したがって，直線 AB の式は，
$y = -2x + 4$

**5 解答** (1) $-8 \leqq y \leqq 0$
(2) $y = -2x - 4$ (3) $(0,\ -12)$

解説

(1) グラフは**下に開き，$x$ の変域に 0 をふくむから，$y$ は $x = 0$ のとき最大値 $y = 0$ をとる。**最小値は $x = 2$ のとき，$y = -2 \times 2^2 = -8$

ミス対策 グラフは下に開いているので，**最大値が 0 である。**

(2) 点 A の $x$ 座標は $-1$ だから，$y$ 座標は，$y = -2 \times (-1)^2 = -2$
点 B の $x$ 座標は $2$ だから，$y$ 座標は，$y = -2 \times 2^2 = -8$

$y = ax + b$ に 2 点 A，B の $x$ 座標，$y$ 座標を代入して，$\begin{cases} -2 = -a + b \\ -8 = 2a + b \end{cases}$

これを解くと，$a = -2,\ b = -4$

(3) 右の図のように，点 B を通り，直線 OA に平行な直線と $y$ 軸との交点を C とすると，

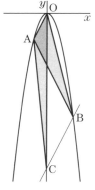

**$\triangle \text{ABO} = \triangle \text{ACO}$**

直線 OA の傾きは $\dfrac{-2}{-1} = 2$ だから，直線 BC の式は，$y = 2x + c$ として，点 B$(2,\ -8)$ の座標の値を代入して，
$-8 = 4 + c,\ c = -12$
よって，C$(0,\ -12)$

【別解】 直線 AB と $y$ 軸との交点を D とする。

(2)より，点 D の座標は$(0, -4)$ だから，OD$=4$

これより，

$\triangle$ABO$=\triangle$OAD$+\triangle$OBD

$=\dfrac{1}{2}\times4\times1+\dfrac{1}{2}\times4\times2=6$

$\triangle$ABO$=\triangle$ACO だから，

$\triangle$ACO$=6$

よって，$\dfrac{1}{2}\times$OC$\times1=6$，OC$=12$

したがって，C$(0, -12)$

**1 解答** (1)$t=3$ (2)$y=6x$

解説

(1) 点 B の $x$ 座標を $t$ とする。

点 B は $y=\dfrac{1}{3}x^2$ のグラフ上の点だから，B$\left(t, \dfrac{1}{3}t^2\right)$

点 A は点 B と $y$ 軸について対称な点だから，A$\left(-t, \dfrac{1}{3}t^2\right)$

点 C は点 B と $x$ 座標が等しく，$y=x^2$ のグラフ上の点だから，

C$(t, t^2)$

長方形 ABCD が正方形になるとき，AB$=$BC だから，

$t-(-t)=t^2-\dfrac{1}{3}t^2$

これを解くと，$2t=\dfrac{2}{3}t^2$，$3t=t^2$，

$t(t-3)=0$，$t=0$，$t=3$

$t>0$ より，$t=3$

(2) (1)より，B$(3, 3)$，C$(3, 9)$

直線 AB，DC と $y$ 軸との交点を P，Q，直線 AB，DC と求める直線

との交点を R，S とし，QS$=x$ とおくと，

QS：PR$=$OQ：OP$=3：1$ より，

PR$=\dfrac{1}{3}$QS$=\dfrac{1}{3}x$

台形 PRSQ の面積は正方形 ABCD の面積の $\dfrac{1}{6}$ より，

$\dfrac{1}{2}\times\left(\dfrac{1}{3}x+x\right)\times(9-3)=6^2\times\dfrac{1}{6}$，

$x=\dfrac{3}{2}$

よって，S$\left(\dfrac{3}{2}, 9\right)$

点 O と S を通る直線の式を $y=ax$ とおくと，$9=a\times\dfrac{3}{2}$，$a=6$

よって，$y=6x$

# 4 平面図形の問題

問題:**67**ページ

**1 解答** (1)$\triangle$CRO (2)4 つ

解説

(1) 対応する頂点は，頂点 A と頂点 C，頂点 P と頂点 R，頂点 O と頂点 O

(2) PR が対称の軸のとき → $\triangle$BPO
　　SQ が対称の軸のとき → $\triangle$DRO
　　AC が対称の軸のとき → $\triangle$ASO
　　DB が対称の軸のとき → $\triangle$CQO
と重なる。

**2 解答** (1)$c=a+b$ (2)$c=b-a$

解説

(1) 点 P を通り直線 $\ell$，$m$ に平行な直線をひくと，**平行線の錯角は等しい**ことから，$\angle c$ は $\angle a$ と $\angle b$ の和になる。

(2) **平行線の同位角は等しい**

ことと，三角形の内角と外角の関係より，$b=a+c \Rightarrow c=b-a$

同位角

### 3 解答　(1) $2\pi$ cm　(2) $3\pi$ cm$^2$

解説

半径 $r$，中心角 $x°$ のおうぎ形の弧の長さを $\ell$，面積を $S$ とすると，

$$\ell=2\pi r\times\frac{x}{360},\ S=\pi r^2\times\frac{x}{360}$$

(1) $\overset{\frown}{AB}=2\pi\times3\times\frac{120}{360}=2\pi$ (cm)

(2) $\pi\times3^2\times\frac{120}{360}=3\pi$ (cm$^2$)

【別解】

半径 $r$，弧の長さ $\ell$ のおうぎ形の面積を $S$ とすると，$S=\frac{1}{2}\ell r$

$\frac{1}{2}\times2\pi\times3=3\pi$ (cm$^2$)

### 4 解答　88 cm$^2$

解説

右の図で，
DH$=8$ cm
$\triangle$DHC で，三平方の定理より，
HC$=\sqrt{10^2-8^2}=6$ (cm)
面積は，$\frac{1}{2}\times(8+14)\times8=88$ (cm$^2$)

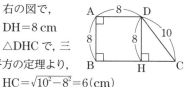

**STEP 2 合格力をつける問題**

### 1 解答　(1) 3 つ　(2) $120°$，$240°$

解説

(1) 点 D を回転の中心とすると $\triangle$FDE，$\triangle$EDB と重なり，点 F を回転の中心とすると $\triangle$ECF と重なる。

**ミス対策** (2) 問題には「回転の向き」が示されていないので，時計回りの

場合と，反時計回りの場合の 2 つの回り方について考える。

### 2 解答　(1) $144°$　(2) $10\pi$ cm$^2$

解説

(1) $2\pi\times5\times\frac{x}{360}=4\pi$

これを解くと，$x=144$

(2) 半径 5 cm，中心角 144° のおうぎ形の面積だから，

$\pi\times5^2\times\frac{144}{360}=10\pi$ (cm$^2$)

【別解】

$\frac{1}{2}\times4\pi\times5=10\pi$ (cm$^2$)

### 3 解答　(1) 7 cm　(2) 10 cm

解説

(1) FD // BE より，
AF : AB$=$AD : AE$=1:2$
よって，AF : $14=1:2$，$2$AF$=14$，
AF$=7$ (cm)

(2) $\triangle$ABE で，中点連結定理より，
FD$=\frac{1}{2}$BE
よって，BE$=2$FD$=2\times5=10$ (cm)

### 4 解答　(1) 16 cm$^2$　(2) 1 : 4

解説

(1) $\triangle$ACD$=\frac{1}{2}\times6\times8=24$ (cm$^2$)

AD // BC で，三角形と比の定理より，
AO : OC$=$AD : BC$=6:12=1:2$
$\triangle$ACD と $\triangle$DOC で，それぞれ AC，OC を底辺とみると高さは等しいから，面積の比は底辺の長さの比に等しい。
よって，$\triangle$ACD : $\triangle$DOC
$=$AC : OC$=(1+2):2=3:2$
$24:\triangle$DOC$=3:2$ より，
$48=3\triangle$DOC，$\triangle$DOC$=16$ (cm$^2$)

(2) **相似な図形の面積の比は相似比の**

2乗に等しい。

　　△AOD∽△COB で，相似比は 1：2
だから，面積の比は，$1^2：2^2＝1：4$

**⑤ 解答**　　(1) 2：1　(2) $2\sqrt{5}$ cm

　　　　　(3) 6 cm²

**解説**

(1)　AB：AC＝BD：DC より，
　　BD：DC＝6：3＝2：1

(2)　$BC^2＝AB^2＋AC^2＝6^2＋3^2＝45$
　　BC＞0 だから，BC＝$3\sqrt{5}$(cm)
　　$BD＝\dfrac{2}{2+1}×3\sqrt{5}＝2\sqrt{5}$(cm)

(3)　△ABD：△ABC＝BD：BC より，
　　$△ABD：\left(\dfrac{1}{2}×6×3\right)＝2：3$，
　　△ABD＝6(cm²)

**⑥ 解答**　　(1) 6 cm　(2) $6\sqrt{3}$ cm

　　　　　(3) $2\sqrt{13}$ cm

**解説**

**3つの角が30°，60°，
90°の直角三角形の3
辺の比は，2：1：$\sqrt{3}$**

(1)　AB：AC＝2：1 より，
　　$AC＝\dfrac{1}{2}AB＝\dfrac{1}{2}×12＝6$(cm)

(2)　AC：BC＝1：$\sqrt{3}$ より，
　　$BC＝\sqrt{3}\,AC＝6\sqrt{3}$(cm)

(3)　点 D，E を結ぶと，中点連結定理
　　より，$DE＝\dfrac{1}{2}AB＝\dfrac{1}{2}×12＝6$(cm)
　　AB∥DE だから，
　　BP：PD＝BA：DE＝12：6＝2：1
　　三平方の定理より，
　　$BD＝\sqrt{(6\sqrt{3})^2＋3^2}＝\sqrt{117}＝3\sqrt{13}$(cm)
　　$BP＝\dfrac{2}{2+1}×3\sqrt{13}＝2\sqrt{13}$(cm)

**① 解答**　　(1) 5 cm　(2) 13 cm

　　　　　(3) $\dfrac{169}{7}$ cm

**解説**

(1)　円の接線は，接点を通る半径に垂
　　直だから，∠ADO＝∠AFO＝90°
　　　四角形の内角の和は360°だから，
　　∠DOF＝360°−90°×3＝90°
　　　よって，四角形 ADOF の4つの
　　角はどれも 90°
　　　また，OD，OF は円 O の半径だ
　　から，OD＝OF
　　　よって，四角形 ADOF は正方形
　　だから，OD＝OF＝AF＝5 cm

(2)　OF＝5 cm，FC＝12 cm で，△OFC
　　は ∠OFC＝90°の直角三角形だか
　　ら，三平方の定理より，
　　$OC^2＝OF^2＋FC^2＝5^2＋12^2＝169$
　　OC＞0 だから，OC＝13(cm)

(3)　BD＝BE
　　＝$x$ cm と
　　して，
　　△ABC の
　　面積を2通
　　りの式で表し，方程式をつくる。

　　$\dfrac{1}{2}×(5+x)×5＋\dfrac{1}{2}×(x+12)×5$
　　$＋\dfrac{1}{2}×(5+12)×5$
　　$＝\dfrac{1}{2}×(5+x)×(5+12)$

　　これを解くと，
　　$5(5+x)＋5(x+12)＋85＝17(5+x)$，
　　$25＋5x＋5x＋60＋85＝85＋17x$，
　　$7x＝85$，　$x＝\dfrac{85}{7}$

解
答
❷次　数理技能

よって，BC$=\dfrac{85}{7}+12=\dfrac{169}{7}$(cm)

# ⑤ 作図，証明の問題

STEP-①　基本の問題

**1 解答**

(1)
(2)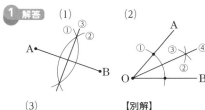

(3)
【別解】

**2 解答**　BC=EF，∠A=∠D，
∠C=∠F

解説

　BC=EF…2組の辺とその間の角が
それぞれ等しい。

　∠A=∠D，∠C=∠F…1組の辺と
その両端の角がそれぞれ等しい。

**ミス対策** 条件 ∠C=∠F は，見落とし
やすいので注意する。三角形の内角
の和は180°だから，三角形の2つ
の内角が等しければ，残りの1つの
内角も等しくなる。

**3 解答**　(1) △AOC と △BOC

(2)①，②，⑤

(3)2組の辺とその間の角がそれぞれ等しい

解説

(証明)　△AOC と △BOC において，
仮定から，AO=BO　　……(i)
共通な辺だから，CO=CO　……(ii)

直線 OC は ∠AOB の二等分線だから，
∠AOC=∠BOC　　　……(iii)

(i)，(ii)，(iii)より，2組の辺とその間の角
がそれぞれ等しいから，△AOC≡△BOC

合同な図形の対応する辺の長さは等
しいから，AC=BC

STEP-②　合格力をつける問題

**1 解答**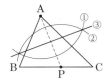

解説

　右の図のように，
折り目となる直線
を QR とすると，
△AQR≡△PQR
より，四角形 AQPR は，線分 QR を
対称の軸として線対称な図形になる。
これより，折り目となる直線は，線分
AP の垂直二等分線になる。

**2 解答**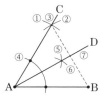

解説

　まず，正三角形の作図から 60° の角
を作図する。次に，60° の角の二等分
線をひいて，30° の角を作図する。

**3 解答**　(1) △PDE と △PBF

(2)②，④，⑥

(3)1組の辺とその両端の角がそれぞれ等しい

解説

(証明)　△PDE と △PBF において，

仮定から，PD＝PB　　　……(i)

AD∥BC で，錯角は等しいから，

　　∠PDE＝∠PBF　　　……(ii)

対頂角は等しいから，

　　∠EPD＝∠FPB　　　……(iii)

(i)，(ii)，(iii)より，1組の辺とその両端の角がそれぞれ等しいから，

　　△PDE≡△PBF

合同な図形の対応する辺の長さは等しいから，PE＝PF

**4** 解答　(1)逆…△ABC で，

　　∠B＝∠C ならば，AB＝AC

正しい

(2)逆…∠A＝∠D，∠B＝∠E，

　　∠C＝∠F ならば，

　　△ABC≡△DEF

正しくない

反例…下の図の △ABC と △DEF

で，∠A＝∠D，∠B＝∠E，

∠C＝∠F であるが，

△ABC≡△DEF でない。

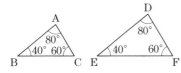

解説

「○○○ならば，□□□」の逆は，

「□□□ならば，○○○」

　また，あることがらが正しくないことを示す例を，そのことがらの**反例**という。正しくないことをいうには，反例を1つあげればよい。

**5** 解答　(1)△EBC と △DCB において，

　　共通な辺だから，BC＝CB……①

　　仮定から，CE＝BD　　　……②

　　∠BEC＝∠CDB＝90°　……③

①，②，③より，直角三角形の斜辺と他の1辺がそれぞれ等しいから，△EBC≡△DCB

(2)(1)より，合同な図形の対応する角の大きさは等しいから，

　　∠EBC＝∠DCB

よって，2つの角が等しいから，

△ABC は二等辺三角形である。

(3) △ABD と △ACE

解説

(3)　△ABD と △ACE は，∠ABD＝∠ACE＝90°－∠A より，1組の辺とその両端の角がそれぞれ等しいから，△ABD≡△ACE といえる。

　　よって，AB＝AC より，△ABC は二等辺三角形である。

**6** 解答　(1)△EBD と △ECA

(2)△EBD と △ECA において，

　　共通な角だから，

　　∠BED＝∠CEA　　　……①

　　⌢AD に対する円周角だから，

　　∠EBD＝∠ECA　　　……②

①，②より，2組の角がそれぞれ等しいから，△EBD∽△ECA

(3) $\frac{7}{2}$ cm

解説

(3)　△EBD∽△ECA より，

　　BD：CA＝EB：EC，4：CA＝8：7，

　　28＝8CA，CA＝$\frac{7}{2}$(cm)

STEP 3 ── **ゆとりで合格の問題**

**1** 解答　△ABD と △FBD において，

　　共通な辺だから，BD＝BD　　……①

　　BD は ∠ABC の二等分線だから，

　　∠ABD＝∠FBD　　　……②

$\angle BAD = \angle BAC - \angle HAC$
$\qquad = 90° - \angle HAC$ ……③
$\triangle AHC$ で,
$\quad \angle C = 180° - \angle AHC - \angle HAC$
$\qquad = 180° - 90° - \angle HAC$
$\qquad = 90° - \angle HAC$ ……④
$DF \parallel AC$ で, 同位角は等しいから,
$\quad \angle C = \angle BFD$ ……⑤
③, ④, ⑤より,
$\quad \angle BAD = \angle BFD$ ……⑥
②, ⑥より, $\angle ADB = \angle FDB$ ……⑦
①, ②, ⑦より, 1組の辺とその両端の角がそれぞれ等しいから,
$\quad \triangle ABD \equiv \triangle FBD$
合同な図形の対応する線分の長さは等しいから, $AD = FD$

# ⑥ 空間図形の問題

問題：79ページ

## STEP 1 — 基本の問題

**1 解答** (1)辺 EH, 辺 FG, 辺 CG, 辺 DH (2)4 本

**解説**

(2) 平行でなく, 交わらない2直線の位置関係をねじれの位置にあるという。辺 AD とねじれの位置にある辺は, 辺 BF, CG, EF, HG の4本。

**2 解答** (1)$54\pi$ cm$^3$ (2)$54\pi$ cm$^2$

**解説**

(1) 展開図を組み立ててできる円柱の底面積は, $\pi \times 3^2 = 9\pi$(cm$^2$)
高さは6cmだから, 体積は,
$9\pi \times 6 = 54\pi$(cm$^3$)

(2) 展開図を組み立ててできる円柱の底面積は, (1)より, $9\pi$ cm$^2$

側面積は, $6 \times (2\pi \times 3) = 36\pi$(cm$^2$)
だから, 表面積は,
$36\pi + 9\pi \times 2 = 54\pi$(cm$^2$)

**3 解答** (1)48 cm$^3$ (2)96 cm$^2$

**解説**

(1) この正四角錐の底面積は,
$6 \times 6 = 36$(cm$^2$)
高さは4cmだから, 体積は,
$\dfrac{1}{3} \times 36 \times 4 = 48$(cm$^3$)

(2) この正四角錐の底面積は, (1)より, 36 cm$^2$

側面積は, $\dfrac{1}{2} \times 6 \times 5 \times 4 = 60$(cm$^2$)
よって, 表面積は,
$60 + 36 = 96$(cm$^2$)

**4 解答** (1)右の図

(2)$12\pi$ cm$^3$

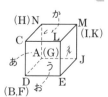

**解説**

(1) 底面が半径3cmの円で, 高さが4cmの円錐になる。

(2) $\dfrac{1}{3}\pi \times 3^2 \times 4 = 12\pi$(cm$^3$)

## STEP 2 — 合格力をつける問題

**1 解答** (1)立方体 (2)面あ, 面え
(3)点 D, 点 F

**解説**

展開図を組み立てると, 右の図のような立方体になる。

(H)N ― か ― M(I,K)
C ― L ― J
A(G) ― い
あ ― う
D ― E
(B,F) ― お

**miss ミス対策** 点 B と重なる点は, 1つだけではない。

**2 解答** (1)144° (2)$56\pi$ cm$^2$

**解説**

(1) 円錐の展開図は, 次のようになる。

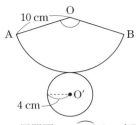

この展開図で，$\overset{\frown}{AB}$ は，底面の円 O′ の円周に等しいから，

$\overset{\frown}{AB}=2\pi\times4=8\pi(cm)$

また，円 O の円周は，

$2\pi\times10=20\pi(cm)$

$\overset{\frown}{AB}$ は円 O の円周の $\dfrac{8\pi}{20\pi}=\dfrac{2}{5}$

おうぎ形の弧の長さは中心角に比例するから，中心角は，

$360°\times\dfrac{2}{5}=144°$

(2) 側面積は，

$\pi\times10^2\times\dfrac{2}{5}=40\pi(cm^2)$

底面積は，$\pi\times4^2=16\pi(cm^2)$

よって，表面積は，

$40\pi+16\pi=56\pi(cm^2)$

**③ 解答** ㋑，面の数…12

見取図はそれぞれ下の図のようになる。

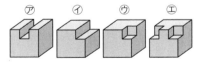

㋐の面の数は 10，㋑の面の数は 8，㋒の面の数は 9，㋓の面の数は 12。

**④ 解答** (1) $\dfrac{1408}{3}\pi\ cm^3$ (2) $208\pi\ cm^2$

解説

できる立体は，円錐と半球を組み合わせた立体である。

(1) $OC=\sqrt{10^2-8^2}=\sqrt{36}=6(cm)$，

---

$OB=OA=8\ cm$ だから，

$\dfrac{1}{3}\pi\times8^2\times6+\dfrac{1}{2}\times\dfrac{4}{3}\pi\times8^3$

$=\dfrac{384}{3}\pi+\dfrac{1024}{3}\pi=\dfrac{1408}{3}\pi(cm^3)$

(2) $\dfrac{1}{2}\times(2\pi\times8)\times10+\dfrac{1}{2}\times4\pi\times8^2$

$=80\pi+128\pi=208\pi(cm^2)$

**⑤ 解答** (1) $\sqrt{2}\ cm$ (2) $\sqrt{3}\ cm$

(3) $\sqrt{5}\ cm$

解説

(1) △ABC は ∠B＝90° の直角二等辺三角形だから，$AC=\sqrt{2}\ AB$

(2) $AG=\sqrt{AC^2+CG^2}=\sqrt{(\sqrt{2})^2+1^2}$
$=\sqrt{2+1}=\sqrt{3}\ (cm)$

(3) AP＋PG が最小になるのは，右の展開図で，AP＋PG が線分 AG になるときで，
$\sqrt{AF^2+FG^2}=\sqrt{2^2+1^2}$
$=\sqrt{5}\ (cm)$

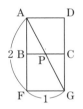

**⑥ 解答** (1) $12\ cm$ (2) $1404\pi\ cm^3$

(3) $576\pi\ cm^2$

解説

(1) $OO'=\sqrt{15^2-(15-6)^2}=\sqrt{144}=12(cm)$

(2) もとの円錐の頂点を A，OA＝$x$ cm とすると，$x:(x+12)=6:15$ より，
$15x=6(x+12)$，$x=8$
よって，$AO'=8+12=20(cm)$
切り取った円錐ともとの円錐は相似で，相似比は，$6:15=2:5$ だから，体積の比は，$2^3:5^3=8:125$
これより，円錐台の体積は，
$\dfrac{1}{3}\pi\times15^2\times20\times\left(1-\dfrac{8}{125}\right)=1404\pi(cm^3)$

(3) この円錐台の展開図は，次の図のようになる。よって，表面積は，
$\pi\times6^2+\pi\times15^2$

$$+\frac{1}{2}\times(2\pi\times15\times$$

$$25-2\pi\times6\times10)$$

$$=576\pi(\mathrm{cm}^2)$$

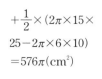

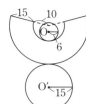

**S T E P 3 — ゆとりで合格の問題**

**1 解答**　$5\sqrt{10}$ cm

解説

大きい球の中心を O，小さい球の中心 を O′ として，**2点 O，O′ を通る平面で 切った断面図で考え る**。右の図のよう に，点 A，B，およ び点 P，Q，R をと り，$BO'=x$ cm とすると，

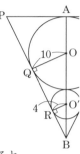

$BO':BO=O'R:OQ$ より，

$x:(x+14)=4:10,\ x=\dfrac{28}{3}$

$BR=\sqrt{\left(\dfrac{28}{3}\right)^2-4^2}=\dfrac{8\sqrt{10}}{3}$ (cm)

$\triangle BO'R \backsim \triangle BPA$ より，

$BR:BA=O'R:PA$ だから，

$\dfrac{8\sqrt{10}}{3}:\dfrac{100}{3}=4:PA$,

$PA=\dfrac{100}{3}\times4\div\dfrac{8\sqrt{10}}{3}=5\sqrt{10}$ (cm)

# ⑦ データの活用の問題
問題：85ページ

**S T E P 1 — 基本の問題**

**1 解答**　(1) 15 人　(2) 0.25

解説

(1)　$40-(8+10+7)=15$ (人)

(2)　相対度数 $=\dfrac{その階級の度数}{度数の合計}$

より，$10\div40=0.25$

**2 解答**　(1) 40 %　(2) 36 人　(3) 0.72

解説

(1)　20 m 未満の生徒の人数は，

$8+12=20$ (人)

よって，$20\div50\times100=40$ (%)

(2)　20 m 以上 25 m 未満の階級の累積 度数は，最初の階級から，20 m 以 上 25 m 未満の階級までの度数を合 計した値だから，

$8+12+16=36$ (人)

(3)　累積相対度数

$=\dfrac{その階級までの度数の合計}{度数の合計}$ より，

$\dfrac{36}{50}=0.72$

**3 解答**　(1) 12 通り　(2) 24 通り

解説

(1)　A の選び方が 4 通りあり，そのそ れぞれについて，B の選び方が 3 通 りずつあるから，$4\times3=12$ (通り)

(2)　(1)の 12 通りの選び方に対して，C の選び方が 2 通りずつあるから，

$12\times2=24$ (通り)

**S T E P 2 — 合格力をつける問題**

**1 解答**　(1) 2 倍　(2) 6 点　(3) 20 %
(4) 5.7 点

解説

(1)　点数が 6 点の生徒の人数は 8 人， 4 点の生徒の人数は 4 人だから，

$\dfrac{8}{4}=2$ (倍)

(2)　人数がもっとも多いのは 6 点の 8 人だから，最頻値は 6 点。

(3)　点数が 8 点以上の生徒の人数は，

2＋3＋2＝7（人）

だから，7÷35×100＝20（％）

(4) 35人の点数の合計は，

1×2＋2×2＋3×2＋4×4＋5×5
＋6×8＋7×5＋8×2＋9×3＋10×2
＝199（点）

よって，199÷35＝5.68…（点）

**②解答** ア 26　イ 34　ウ 0.16
エ 0.17　オ 0.64　カ 0.95

解説

ア〜エについては，

$$相対度数＝\frac{その階級の度数}{度数の合計}$$

を利用して求める。

$\dfrac{ア}{200}＝0.13$ より，

ア＝200×0.13＝26（人）

イ＝200－(8＋14＋26＋32＋48＋28
＋10)＝34（人）

ウ＝$\dfrac{32}{200}$＝0.16

エ＝$\dfrac{34}{200}$＝0.17

50点以上60点未満の階級までの累積度数は，8＋14＋26＋32＋48＝128（人）

オ＝$\dfrac{128}{200}$＝0.64

70点以上80点未満の階級までの累積度数は，128＋34＋28＝190（人）

カ＝$\dfrac{190}{200}$＝0.95

**③解答**　(1) ア 0.05　イ 0.20　ウ 0.35
エ 0.25　オ 0.15
(2) 28 ％　(3) 75 ％　(4) B グループ

解説

(1) ア＝$\dfrac{1}{20}$＝0.05，イ＝$\dfrac{4}{20}$＝0.20，
ウ＝$\dfrac{7}{20}$＝0.35，エ＝$\dfrac{5}{20}$＝0.25，

オ＝$\dfrac{3}{20}$＝0.15

(2) 相対度数を100倍すると，百分率になる。(0.08＋0.20)×100＝28（％）

(3) (0.35＋0.25＋0.15)×100＝75（％）

(4) A…0.24＋0.12＝0.36，
B…0.25＋0.15＝0.40
だから，B グループの割合が大きい。

**④解答**　ウ，オ

解説

ア　国語と数学の最高点は90点以上であるが，英語の最高点は90点未満である。
よって，正しくない。

イ　左のひげの左端から右のひげの右端までの長さが範囲を表す。範囲がいちばん大きいのは数学である。
よって，正しくない。

ウ　箱の横の長さが四分位範囲を表す。四分位範囲がいちばん大きいのは英語である。
よって，正しい。

エ　箱ひげ図の右のひげの部分に13人の点数が含まれる。これより，第3四分位数が70点より高いとき，70点以上の生徒が13人以上いると考えられる。数学の第3四分位数は70点より低いので，70点以上の生徒が13人以上いない。
よって，正しくない。

オ　第2四分位数は，全体のまん中の点数，すなわち25番めと26番めの点数の平均値である。これより，第2四分位数が60点より高いとき，60点以上の生徒が半分以上いると考えられる。英語の第2四分位数は

60点より高いので，60点以上の生徒が半分以上いる。

よって，正しい。

**⑤ 解答** およそ220本

**解説**

無作為に抽出した50本のくじに含まれるあたりくじの割合は，$\dfrac{9}{50}$

母集団におけるあたりくじの割合も$\dfrac{9}{50}$であると推定できるから，

$1200 \times \dfrac{9}{50} = 216$(本)

よって，およそ220本。

**⑥ 解答** (1) 15通り (2) $\dfrac{2}{5}$ (3) $\dfrac{4}{5}$

**解説**

(1) 赤球を❶，❷，❸白球を①，②，③とすると，2個の球の取り出し方は，
(❶,❷)，(❶,❸)，(❶,①)，(❶,②)，
(❶,③)，(❷,❸)，(❷,①)，(❷,②)，
(❷,③)，(❸,①)，(❸,②)，(❸,③)，
(①,②)，(①,③)，(②,③)の15通り。

(2) 同じ色の球の取り出し方は6通りだから，求める確率は，$\dfrac{6}{15} = \dfrac{2}{5}$

(3) 2個とも赤球である確率は，
$\dfrac{3}{15} = \dfrac{1}{5}$だから，$1 - \dfrac{1}{5} = \dfrac{4}{5}$

**⑦ 解答** (1)49通り (2)147通り

**解説**

(1) いちばん上が2ということは，まん中といちばん下は2以外の7つの数字のうちのどれかになるから，
$7 \times 7 = 49$(通り)

(2) (1)と同じように，まん中といちばん下が2の場合もそれぞれ49通りずつあるから，$49 \times 3 = 147$(通り)

**⑧ 解答** (1) $\dfrac{1}{6}$ (2) $\dfrac{1}{6}$ (3) $\dfrac{1}{9}$ (4) $\dfrac{1}{12}$

**解説**

(1) $b = 4$の場合で，下の表の■の6通り。

(2) $a = b$の場合で，下の表の■の6通り。

| A\B | 1 | 2 | 3 | 4 | 5 | 6 |
|---|---|---|---|---|---|---|
| 1 | | | | ■ | | |
| 2 | | | | ■ | | |
| 3 | | | | ■ | | |
| 4 | | | | ■ | | |
| 5 | | | | ■ | | |
| 6 | | | | ■ | | |

| A\B | 1 | 2 | 3 | 4 | 5 | 6 |
|---|---|---|---|---|---|---|
| 1 | ■ | | | | | |
| 2 | | ■ | | | | |
| 3 | | | ■ | | | |
| 4 | | | | ■ | | |
| 5 | | | | | ■ | |
| 6 | | | | | | ■ |

(3) $ab = 12$の場合で，下の表の■の4通り。

(4) $2a = 9 - b$の場合で，
$(a,\ b) = (2,\ 5)$，
$(3,\ 3)$，$(4,\ 1)$
の3通り。

| A\B | 1 | 2 | 3 | 4 | 5 | 6 |
|---|---|---|---|---|---|---|
| 1 | | | | | | |
| 2 | | | | | | ■ |
| 3 | | | | ■ | | |
| 4 | | | ■ | | | |
| 5 | | | | | | |
| 6 | | ■ | | | | |

 ゆとりで合格の問題

**① 解答** ウ

**解説**

**ア** 7時間未満の生徒の人数は，
1年生…$3 + 6 + 15 = 24$(人)
3年生…$6 + 9 + 25 = 40$(人)
7時間未満の生徒の割合は，
1年生…$24 \div 50 \times 100 = 48$(%)
3年生…$40 \div 75 \times 100 = 53.3\cdots$(%)
よって，正しくない。

**イ** 6時間以上7時間未満の階級の相対度数は，
1年生…$\dfrac{15}{50} = 0.3$
3年生…$\dfrac{25}{75} = 0.33\cdots$
よって，正しくない。

ウ　7時間以上8時間未満の階級の累
　積度数は，

　　　1年生…24＋18＝42(人)

　　　3年生…40＋23＝63(人)

　　7時間以上8時間未満の階級の累
　積相対度数は，

　　　1年生…$\frac{42}{50}$＝0.84

　　　3年生…$\frac{63}{75}$＝0.84

　　よって，正しい。

**2 解答**　　(1) $\frac{x+2y+33}{20}$ 点

　　(2) $x＝7$，$y＝12$

─**解説**───────────○

(1)　$\dfrac{0\times1+1\times2+2x+3\times13+4y+5\times5}{40}$

　　$＝\dfrac{2x+4y+66}{40}＝\dfrac{x+2y+33}{20}$(点)

(2)　(1)より，$\dfrac{x+2y+33}{20}＝3.2$ …①

　　人数の関係より，$x+y＝19$ …②

　　①，②を連立方程式として解くと，

　　$x＝7$，$y＝12$

**3 解答**　　(1) $\dfrac{23}{48}$　(2) $\dfrac{7}{24}$

─**解説**───────────○

カードの取り出し方は全部で，

$6\times2\times4＝48$(通り)

(1)　Bから取り出されたカードが5の
　とき，Aから1〜4の4通り，Cからは
　3，4の2通りだから，$4\times2＝8$(通り)

　　Bから取り出されたカードが6の
　とき，Aから1〜5の5通り，Cからは
　3〜5の3通りだから，$5\times3＝15$(通り)

　　よって，求める確率は，$\dfrac{8+15}{48}＝\dfrac{23}{48}$

(2)　Aが1のとき，(B，C)＝(5，3)，
　(5，4)，(6，3)，(6，4)，(6，5)の
　5通り。

Aが2のときも同様で5通り。

Aが3のとき，(B，C)＝(5，4)，
(6，4)，(6，5)の3通り。

Aが4のとき，(B，C)＝(6，5)の
1通り。

Aが5，6のときは0通り。

よって，$\dfrac{5+5+3+1}{48}＝\dfrac{14}{48}＝\dfrac{7}{24}$

# ⑧ 思考力を必要とする問題

問題：93ページ

**Ⓢⓣⓔⓟ❶**──── 基本の問題

**1 解答**　　(1) 90　(2) $5n$

─**解説**───────────○

(1)　中央の数が18にな
　るように囲むと，右の
　図のようになるから，

|  | 11 |  |
|---|---|---|
| 17 | 18 | 19 |
|  | 25 |  |

　　$11＋17＋18＋19＋25＝90$

(2)　$n$ の上の数は $n-7$，$n$ の左の数は
　$n-1$，$n$ の右の数は $n+1$，$n$ の下の
　数は $n+7$ だから，

　　$(n-7)+(n-1)+n+(n+1)+(n+7)$
　　$＝5n$

**2 解答**　　(1) 18個　(2) $3n$ 個

(3) 34番め以降

─**解説**───────────○

(1)　1番めが3個，2番めは各辺に1
　個ずつ増えて，$3+3＝6$(個)

　　以降，同様に3個ずつ増えていく
　から，6番めの正三角形に使われる
　数は，

　　$3+3+3+3+3+3＝18$(個)

(2)　(1)のように考えると，$n$ 番めの正
　三角形に使われる数は，

$$\underbrace{3+3+\cdots\cdots+3}_{\textbf{3 が } n \text{ 個}}=3n\,(\text{個})$$

**【別解】**　次の図のように考えてもよい。

① $n\times 3=3n\,(\text{個})$

② 1辺が$(n+1)$個で，頂点の3個が重複するから，

$(n+1)\times 3-3=3n\,(\text{個})$

(3)　$3n>100$

これを満たす最小の整数$n$は34。
よって，34番め以降。

**3 解答**　(1) 41

(2) $a=6$, $b=7$, $c=7$ のとき，294

または，

$a=7$, $b=6$, $c=7$ のとき，294

$a=7$, $b=7$, $c=6$ のとき，294

**解説**

(1)　$【369】=3^2+6^2+9^2=9+36+81$

$=126$

$【126】=1^2+2^2+6^2=1+4+36$

$=41$

よって，$【【369】】=【126】=41$

(2)　まず，2つの数$a$, $b$について，$a+b=10$のとき，$a\times b$の値はどのように変化するかを考える。

$a$, $b$の値の組を$(a,\ b)$と表すと，

$(1,\ 9)$のとき，$a\times b=1\times 9=9$

$(2,\ 8)$のとき，$a\times b=2\times 8=16$

$(3,\ 7)$のとき，$a\times b=3\times 7=21$

$(4,\ 6)$のとき，$a\times b=4\times 6=24$

$(5,\ 5)$のとき，$a\times b=5\times 5=25$

よって，$a+b=10$のとき，$a\times b$がもっとも大きくなるのは，$a=5$，

$b=5$のとき，25である。

これより，$a\times b$の値は$a$, $b$の値が近い数になれば大きくなると考えられる。これはかけ合わされる数が3つになってもいえるので，$a$, $b$, $c$の値はできるだけ近い数になればよい。このような3つの数は，6, 7, 7である。

よって，$a\times b\times c$が最も大きくなるのは，$a=6$, $b=7$, $c=7$のとき，

$6\times 7\times 7=294$

**STEP 2** 合格力をつける問題

**1 解答**　28日め

**解説**

● 2日間に4人で何mL使うかをまず考える。

2日間にお父さんが使う量は3mL，お母さんが使う量は6mL，お兄さんが使う量は$3\times 2=6\,(\text{mL})$，あゆみさんが使う量は$18\times 2=36\,(\text{mL})$

したがって，4人は2日間で，$3+6+6+36=51\,(\text{mL})$使うことになる。

シャンプーの内容量は700mLだから，$700\div 51=13$余り37　より，$13\times 2=26\,(\text{日間})$使って，37mL余る。

27日めは，お父さんが3mL，お母さんが6mL，お兄さんが3mL，あゆみさんが18mL，合計$3+6+3+18=30\,(\text{mL})$使い，$37-30=7\,(\text{mL})$余る。

28日めは，お兄さんが3mL，あゆみさんが18mL，計$3+18=21\,(\text{mL})$使うから，28日めにこのシャンプーはなくなる。

**ミス対策**「2日に1回使う」人がいるこ

とから、**2日間を単位に考える。**

$700 \div 51 = 13$ 余り $37$ で、$13$ は $2$ 日単位の $13$ 倍なので、$13 \times 2 = 26$(日)となることに注意！

**2 解答** (1) $5\sqrt{2}$ cm (2) $\dfrac{1}{2}$

(3) $\dfrac{25}{4}$ cm² ($6.25$ cm²)

── 解説 ──

(1) 直角をはさむ2辺の長さがそれぞれ $10 \div 2 = 5$(cm)の直角二等辺三角形の斜辺の長さになるから、
$5 \times \sqrt{2} = 5\sqrt{2}$(cm)

(2) 2番めは、$5\sqrt{2} \times 5\sqrt{2} = 50$(cm²)、
1番めは、$10 \times 10 = 100$(cm²)
したがって、$\dfrac{50}{100} = \dfrac{1}{2}$

(3) 3番めの正方形の1辺の長さは、
$\dfrac{5\sqrt{2}}{2} \times \sqrt{2} = 5$(cm)
4番めの正方形の1辺の長さは、
$\dfrac{5}{2} \times \sqrt{2} = \dfrac{5\sqrt{2}}{2}$(cm)
5番めの正方形の1辺の長さは、
$\dfrac{5\sqrt{2}}{4} \times \sqrt{2} = \dfrac{5}{2}$(cm)
したがって、5番めの正方形の面積は、$\dfrac{5}{2} \times \dfrac{5}{2} = \dfrac{25}{4}$(cm²)

**3 解答** (1)白 (2)黒 (3)301番め
── 解説 ──

● 1, 2, 3, 4, …(個)の順に、奇数個白の碁石が並んだあと、偶数個黒の碁石が並んでいる。

(1) $25 = (1+2+3+4+5+6)+4$ より、25番めは、白の碁石が7個連続して並ぶところの、左から4番めの位置である。

(2) $100 = (1+2+3+\cdots+13)+9$ より、

100番めは、黒の碁石が14個連続して並ぶところの、左から9番めの位置である。

(3) 1から24までの和は、次の図のように考えると、$25 \times 24 \div 2 = 300$

$$
\begin{array}{r}
1 + 2 + 3 + \cdots\cdots + 22 + 23 + 24 \\
+)\ 24 + 23 + 22 + \cdots\cdots + 3 + 2 + 1 \\
\hline
25 + 25 + 25 + \cdots\cdots + 25 + 25 + 25 \\
\hline
\end{array}
$$
──── 25 が 24 個 ────

したがって、白の碁石が連続して25個並ぶところの最初の碁石は、左端から301番めである。

**4 解答** (1) $1$, $5$, $6$, $\dfrac{7}{5}$, $\dfrac{2}{5}$

(2) $-2$, $-3$, $1$, $-\dfrac{2}{3}$, $\dfrac{1}{3}$

── 解説 ──

(1) ● $1$, $5$
● $1$, $5$, $(5+1) \div 1 = 6$
● $1$, $5$, $6$, $(6+1) \div 5 = \dfrac{7}{5}$
● $1$, $5$, $6$, $\dfrac{7}{5}$, $\left(\dfrac{7}{5}+1\right) \div 6 = \dfrac{2}{5}$
● $1$, $5$, $6$, $\dfrac{7}{5}$, $\dfrac{2}{5}$, $\left(\dfrac{2}{5}+1\right) \div \dfrac{7}{5} = 1$
● $1$, $5$, $6$, $\dfrac{7}{5}$, $\dfrac{2}{5}$, $1$, $(1+1) \div \dfrac{2}{5} = 5$

............................................................

となり、$1$, $5$, $6$, $\dfrac{7}{5}$, $\dfrac{2}{5}$ が繰り返される。

(2) ● $-2$, $-3$
● $-2$, $-3$, $(-3+1) \div (-2) = 1$
● $-2$, $-3$, $1$, $(1+1) \div (-3) = -\dfrac{2}{3}$
● $-2$, $-3$, $1$, $-\dfrac{2}{3}$, $\left(-\dfrac{2}{3}+1\right) \div 1 = \dfrac{1}{3}$
● $-2$, $-3$, $1$, $-\dfrac{2}{3}$, $\dfrac{1}{3}$,
$\left(\dfrac{1}{3}+1\right) \div \left(-\dfrac{2}{3}\right) = -2$

● $-2$, $-3$, $1$, $-\dfrac{2}{3}$, $\dfrac{1}{3}$, $-2$,

$(-2+1)\div\dfrac{1}{3}=-3$

．．．．．．．．．．．．．．．．．．．．．．．．．．．．．．．．．

となり，$-2$，$-3$，$1$，$-\dfrac{2}{3}$，$\dfrac{1}{3}$が繰

り返される。

**S T E P - 3** ─ **ゆとりで合格の問題**

**1 解答** $\quad n$ が奇数のとき…$4n-2$

$\qquad\qquad n$ が偶数のとき…$4n-1$

┌ 解説 ─────────────┐

● **$n$ が奇数のときと偶数のときに分**
**けて考える。**

上から1段めの数は，左から1，8，

9，16，17，24，25，32，33，40，41，…

**奇数番めの数に着目すると，**

$1=4\times1-3$，$9=4\times3-3$，

$17=4\times5-3$，$25=4\times7-3$，

$33=4\times9-3$，……

よって，上から1段め，左から$n$番

めの数は$4n-3$だから，2段めの数は，

$4n-3+1=4n-2$と表せる。

**偶数番めの数に着目すると，**

$8=4\times2$，$16=4\times4$，$24=4\times6$，

$32=4\times8$，$40=4\times10$，……

よって，上から1段め，左から$n$番

めの数は$4n$だから，上から2段めの

数は，$4n-1$と表せる。

**2 解答** $\quad$ B，C，E，F，G

┌ 解説 ─────────────┐

Bが A の意見に賛成し，I が A の意

見に反対したことを⑦の条件とする。

|  | 〔A に賛成〕 | 〔A に反対〕 |
|---|---|---|
| ⑦より， | B | I |
| ①より， | C |  |
| ②より， | F, G |  |
| ④より， |  | D |
| ⑤より， |  | H, J |
| ⑥より， | E |  |

よって，A の意見に賛成する委員

は，B，C，E，F，G の5人。

## ① 次：計算技能検定

**1 解答** (1) $-9$  (2) $16$  (3) $-10$

(4) $\dfrac{1}{12}$  (5) $-\sqrt{3}$  (6) $11$  (7) $13x-1$

(8) $-0.3x+0.2$  (9) $4x-y$

(10) $\dfrac{5x+4y}{18}$  (11) $-6xy^2$  (12) $\dfrac{2}{3}xy$

**解説**

(1) 原式 $=-12-4+7=-16+7=-9$

(2) 原式 $=8-(-8)=8+8=16$

(3) 原式 $=-5+4-9=-14+4=-10$

(4) 原式 $=\dfrac{3}{4}-6\times\dfrac{1}{9}=\dfrac{3}{4}-\dfrac{2}{3}$

$=\dfrac{9}{12}-\dfrac{8}{12}=\dfrac{1}{12}$

(5) 原式 $=\sqrt{3}+2\sqrt{3}-4\sqrt{3}=-\sqrt{3}$

(6) 原式 $=3-2\sqrt{24}+8+\dfrac{24\times\sqrt{6}}{\sqrt{6}\times\sqrt{6}}$

$=11-4\sqrt{6}+4\sqrt{6}=11$

(7) 原式 $=6x-15+7x+14=13x-1$

(8) 原式 $=1.2x+0.08-1.5x+0.12$

$=-0.3x+0.2$

(9) 原式 $=20x-25y-16x+24y$

$=4x-y$

(10) 原式 $=\dfrac{2(4x-y)-3(x-2y)}{18}$

$=\dfrac{8x-2y-3x+6y}{18}=\dfrac{5x+4y}{18}$

(11) 原式 $=-\dfrac{42x^2y^3}{7xy}$

$=-\dfrac{\overset{6}{\cancel{42}}\times\overset{1}{\cancel{x}}\times x\times\overset{1}{\cancel{y}}\times y\times y}{\underset{1}{\cancel{7}}\times\underset{1}{\cancel{x}}\times\underset{1}{\cancel{y}}}=-6xy^2$

(12) 原式 $=\dfrac{8}{15}x^2y^2\div\dfrac{9}{25}x^4y^2\times\dfrac{9}{20}x^3y$

$=\dfrac{8}{15}x^2y^2\times\dfrac{25}{9x^4y^2}\times\dfrac{9}{20}x^3y$

$=\dfrac{\overset{2}{\cancel{8}}x^2y^2\times\overset{5}{\cancel{25}}\times\overset{1}{\cancel{9}}x^3y}{\underset{3}{\cancel{15}}\times\cancel{9}x^4y^2\times\underset{1}{\cancel{20}}}=\dfrac{2}{3}xy$

**2 解答** (13) $8x^2+2x-3$

(14) $5x^2+12xy-10y^2$

**解説**

(13) 原式 $=8x^2-4x+6x-3$

$=8x^2+2x-3$

(14) 原式 $=9x^2-y^2-(4x^2-12xy+9y^2)$

$=9x^2-y^2-4x^2+12xy-9y^2$

$=5x^2+12xy-10y^2$

**3 解答** (15) $(x+6)(x-3)$  (16) $3x(4x-1)^2$

**解説**

(15) 原式 $=x^2+\{6+(-3)\}x+6\times(-3)$

$=(x+6)(x-3)$

(16) 原式 $=3x(16x^2-8x+1)$

$=3x\{(4x)^2-2\times4x\times1+1^2\}$

$=3x(4x-1)^2$

**4 解答** (17) $x=-7$  (18) $x=8$

(19) $x=-3,\ x=9$  (20) $x=4\pm2\sqrt{3}$

**解説**

(17) $3x$ を左辺に，$8$ を右辺に移項して，

$5x-3x=-6-8,\ 2x=-14,$

$x=-7$

(18) 両辺に $12$ をかけて，

$3(3x-2)=2(5x-7),$

$9x-6=10x-14,\ -x=-8,\ x=8$

(19) 左辺を因数分解すると，

$(x+3)(x-9)=0,\ x=-3,\ x=9$

(20) 解の公式を利用する。

$x=\dfrac{-(-8)\pm\sqrt{(-8)^2-4\times1\times4}}{2\times1}$

$=\dfrac{8\pm\sqrt{64-16}}{2}=\dfrac{8\pm\sqrt{48}}{2}$

$=\dfrac{8\pm4\sqrt{3}}{2}=4\pm2\sqrt{3}$

【別解】 $x^2-8x+4=0$, $x^2-8x=-4$,

$x^2-8x+16=-4+16$,

$(x-4)^2=12$, $x-4=\pm\sqrt{12}$

$x=4\pm2\sqrt{3}$

⑤ **解答** (21) $x=-5$, $y=-10$

(22) $x=4$, $y=-3$

**解説**

(21) 下の式に上の式を代入して，

$x-3\times2x=25$, $x-6x=25$,

$-5x=25$, $x=-5$

$x=-5$ を上の式に代入して，

$y=2\times(-5)=-10$

(22) $x+2y=-2$ ……①

（下の式）$\times12$ より，

$9x+8y=12$ ……②

②$-$①$\times4$ より，

$$\begin{array}{r}9x+8y=12\\-)\ 4x+8y=-8\\\hline 5x\qquad=20\\x=4\end{array}$$

$x=4$ を①に代入して，

$4+2y=-2$, $2y=-6$, $y=-3$

⑥ **解答** (23) $3$ (24) $\dfrac{1}{9}$ (25) $t=\dfrac{v-u}{g}$

(26) $y=-6$ (27) $5$ (28) $24$ 度

(29) $\angle x=95$ 度 (30) $\angle ABC=75$ 度

**解説**

(23) $3a-b^2=3\times4-(-3)^2=12-9=3$

(24) さいころの目の出方は全部で，

$6\times6=36$（通り）

大小 $2$ 個のさいころの目の出方を
（大，小）と表すと，出る目の数の和
が $9$ になるのは，$(3,\ 6)$, $(4,\ 5)$,
$(5,\ 4)$, $(6,\ 3)$の $4$ 通り。

よって，求める確率は，$\dfrac{4}{36}=\dfrac{1}{9}$

(25) 左辺と右辺を入れかえて，

$u+gt=v$

$u$ を移項して，$gt=v-u$

両辺を $g$ でわって，$t=\dfrac{v-u}{g}$

(26) $y$ は $x$ に比例するから，$y=ax$
と表せる。この式に $x=4$, $y=-8$
を代入すると，$-8=4a$, $a=-2$

よって，式は，$y=-2x$

$y=-2x$ に $x=3$ を代入して，

$y=-2\times3=-6$

(27) **範囲＝最大値－最小値**より，

$8-3=5$

(28) 多角形の外角の和は $360°$ だから，

$360°\div15=24°$

(29) $\ell \parallel m$ で，
同位角は等し
いから，
$\angle a=50°$

$\ell \parallel m$ で，錯角は等しいから，

$\angle b=145°$

三角形の外角は，それととなり合
わない $2$ つの内角の和に等しいから，

$\angle x=145°-50°=95°$

(30) 半円の弧に対する円周角は $90°$ だ
から，$\angle BCD=90°$

よって，$\angle ACD=90°-65°=25°$

$\overset{\frown}{AD}$ に対する円周角だから，

$\angle ABD=\angle ACD=25°$

よって，$\angle ABC=25°+50°=75°$

page **46**

1 **解答** (1) 60 点　(2) 19 点　(3) 62.5 点

**解説**

(1)　$65+(-5)=65-5=60$（点）

(2)　$(+7)-(-12)=(+7)+(+12)$
　　　$=19$（点）

(3)　$\{(-5)+(+7)+0+(-12)+(+4)$
　　　$+(-9)\}\div 6=(-15)\div 6=-2.5$（点）
　　　よって，$65+(-2.5)=62.5$（点）

2 **解答** (4) 135°　(5) $33\pi$ cm²

**解説**

(4)　$\overset{\frown}{AB}=2\pi\times 3=6\pi$（cm）

　　　円 O の円周$=2\pi\times 8=16\pi$（cm）

　　　$\overset{\frown}{AB}$ は円 O の円周の$\dfrac{6\pi}{16\pi}=\dfrac{3}{8}$より，

　　　$\angle AOB=360°\times\dfrac{3}{8}=135°$

(5)　側面積…$\pi\times 8^2\times\dfrac{135}{360}=24\pi$（cm²）

　　　底面積…$\pi\times 3^2=9\pi$（cm²）

　　　表面積…$24\pi+9\pi=33\pi$（cm²）

3 **解答** (6) △DBC と △EAC

(7) △DBC と △EAC において，
　△ABC は正三角形だから，
　　BC=AC　　　……①
　また，△DCE は正三角形だから，
　　DC=EC　　　……②
　正三角形の内角の大きさはすべて
　60° で等しいから，
　　∠BCD＝∠ACE　　……③
　①，②，③より 2 組の辺とその間
　の角がそれぞれ等しいから，
　　△DBC≡△EAC
　よって，BD=AE

**解説**

(6)　辺 BD をふくむ △DBC と辺 AE
　をふくむ △EAC に着目する。

4 **解答** (8) $\begin{cases} 3x+5y=1000 \\ 5x+6y=1340 \end{cases}$

(9) シュガードーナツ…100 円
　　クリームドーナツ…140 円

**解説**

(9)　（上の式）×5−（下の式）×3 より，
　　　$7y=980$, $y=140$
　　　上の式に $y=140$ を代入して，
　　　$3x+5\times 140=1000$, $x=100$

5 **解答** (10) $a=-1$　(11) $-4$　(12) $y=x-2$

**解説**

(10)　$y=ax^2$ に点 A の $x$ 座標，$y$ 座標
　　を代入して，$-1=a\times 1^2$, $a=-1$

(11)　$y=-x^2$ に $x=-2$ を代入して，
　　　$y=-(-2)^2=-4$

(12)　直線 AB の式を $y=px+q$ とおき，
　　2 点 A(1, −1)，B(−2, −4) の座標
　　の値の組を代入して，
　　　$\begin{cases} -1=p+q \\ -4=-2p+q \end{cases}$
　　これを解くと，$p=1$, $q=-2$

6 **解答** (13) 0.15　(14) 0.75

**解説**

(13)　$\dfrac{6}{40}=0.15$

(14)　20 分以上 25 分未満の階級までの
　　累積度数は，
　　　$3+6+9+12=30$（人）
　　よって，この階級までの累積相対
　　度数は，$\dfrac{30}{40}=0.75$

7 **解答** (15) $\dfrac{20\sqrt{3}}{3}$ cm　(16) 10 cm

**解説**

(15)　辺 AD，BC と円 O の接点をそれ

ぞれ E，F とする。また，点 A から辺 BC に垂線 AH をひくと，

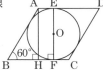

$$AH = EF = 10 \text{ cm}$$

△ABH で，

$$AB : AH = 2 : \sqrt{3}, \quad AB : 10 = 2 : \sqrt{3},$$

$$AB = \frac{20}{\sqrt{3}} = \frac{20\sqrt{3}}{3} \text{ (cm)}$$

(16)　右の図で，BO は ∠ABC の二等分線になるから，

$$∠OBF = 60° ÷ 2 = 30°$$

△OBF で，BO : OF = 2 : 1，

$$BO : 5 = 2 : 1, \quad BO = 10 \text{ (cm)}$$

8 解答 (17)

───── 解説 ─────

2 点 A，B から等しい距離にある点は，線分 AB の垂直二等分線上にある。

9 解答 (18) 6 cm　(19) $\frac{1}{4}$　(20) 7 番め以降

───── 解説 ─────

(18)　正方形 $A_1B_1C_1D_1$ と正方形 $A_2B_2C_2D_2$ は相似で，相似比は 2 : 1 だから，

$$A_2B_2 = \frac{1}{2}A_1B_1 = \frac{1}{2} \times 12 = 6 \text{ (cm)}$$

(19)　正方形 $A_2B_2C_2D_2$ と正方形 $A_3B_3C_3D_3$ は相似で，相似比は 2 : 1 だから，面積の比は，$2^2 : 1^2 = 4 : 1$

よって，正方形 $A_3B_3C_3D_3$ の面積は正方形 $A_2B_2C_2D_2$ の面積の $\frac{1}{4}$

(20)　正方形の面積は，番めが 1 つ増えるごとに，前の正方形の面積の $\frac{1}{4}$ になっていく。

正方形 $A_1B_1C_1D_1 = 12^2 = 144 \text{ (cm}^2)$

正方形 $A_2B_2C_2D_2 = 12^2 \times \frac{1}{4} = 36 \text{ (cm}^2)$

⋮

正方形 $A_6B_6C_6D_6 = 12^2 \times \left(\frac{1}{4}\right)^5 = \frac{9}{64} \text{ (cm}^2)$

正方形 $A_7B_7C_7D_7 = 12^2 \times \left(\frac{1}{4}\right)^6 = \frac{9}{256} \text{ (cm}^2)$

$\frac{9}{256} < \frac{1}{10} < \frac{9}{64}$ だから，正方形の面積が $\frac{1}{10}$ cm$^2$ より小さくなるのは 7 番め以降である。